美国网络空间安全治理
军民协同问题研究

·计宏亮　著·

RESEARCH ON THE MILITARY-CIVILIAN COORDINATION OF U.S. CYBERSPACE SECURITY GOVERNANCE

时 事 出 版 社
北 京

目　录

Contents

第一章／军民协同是网络空间安全研究的重要视角

科学和技术的进步不仅是国际关系发展变化的动力因素，也是国际关系的重要内容。近现代历史上世界格局的几次重大转变，均与科技根本性变革有着密切关联。当前以网络信息技术为基础的科技进步，对国际关系、国家安全影响最为深远。美国作为网络空间基础互联网技术的发起国，一直积极推动网络空间建设，并在网络空间安全治理方面形成了较为完善的治理体系，在网络空间基础设施建设、网络空间安全治理体系、网络空间国际话语权等方面形成了优势。特别是在维护国家网络空间安全这样一个共同的目标指引下，美国军民两个体系之间协同关系的形成，值得深入地分析、研究。

一、问题的提出

（一）网络空间安全成为各国国家安全治理的重要议题

坚持“总体国家安全观”是习近平新时代中国特色社会主义思想的重要内容。习近平总书记强调要“既重视传统安全，又重视非传统安全”。[①] “网络安全和信息化是事关国家安全和国家发展、事关广大人民

① 中共中央党史和文献研究院（编）：《习近平关于总体国家安全观论述摘编》，北京：中央文献出版社，2018 年版。

群众工作生活的重大战略问题，没有网络安全就没有国家安全。”[①] 相对于以军事安全为现行特征的传统安全，网络空间安全属于非传统安全的范畴[②]，目前已经发展成为国家间竞争的新高地、国家经济发展的新动能、国家安全面临的新挑战。网络信息体系成为当代社会运行的“神经体系”，越来越多的业务依靠网络信息技术来维持运行。但这种对网络信息技术的依赖也带来了新的安全问题。特别是21世纪以来，越来越多的网络安全事件具有了政治性和战略性，如“震网病毒”（Stuxnet）和“勒索病毒”（WannaCry），以及美国2016年大选期间出现的“邮件门”“通俄门”和“剑桥分析”事件等，这些事件不仅造成了个人和国家的财产损失，而且在国家和国际安全政策中都造成了很大影响。[③] 因此可以判定，网络空间安全已经由计算机软硬件层面的安全，逐渐发展演进为涵盖国家军事、经济、政治和文化等各领域的政治性、战略性议题。网络空间治理已经成为关乎国家安全的重要变量。在网络信息时代，战争已不仅是国家之间军事体系的直接对抗竞争，而是基于一种网络化、多域融合、军民协同的体系性博弈，是以整个国家经济和军事为基础的综合国力的体系性对抗。传统上将国家安全划分为军民两个不同领域的治理模式可能已经不能胜任当前的治理需求，传统治理理论和分析模式的解释力都在下降，亟须构建网络空间视域下新的国家安全治理理论和分析模式。

（二）美国网络空间安全治理运行机制还需深入研究

现代社会对网络信息技术的依赖也带来了新的安全问题，更多学者也开始从国家安全的视角来研究网络空间安全问题。美国对网络空间带

---

① “中央网络安全和信息化领导小组第一次会议召开”，中国政府网，http://www.gov.cn/ldhd/2014-02/27/content_2625036.htm? &from=androidqq.（上网时间：2014年2月27日）

② 陆忠伟：《非传统安全论》，北京：时事出版社，2003年版。

③ Myriam Dunn Cavelty & Andreas Wenger, “Cyber security meets security politics: Complex technology, fragmented politics, and networked science,” *Contemporary Security Policy*, 2020 (1), pp. 5-32.

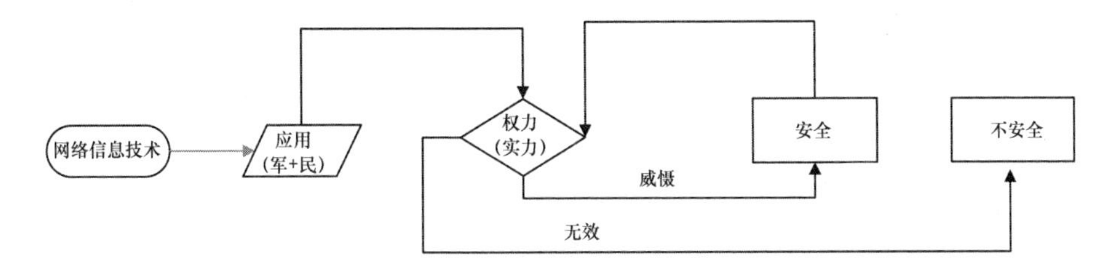

图 1—1　网络空间安全化的逻辑图

来的安全挑战一直较为重视，美国政府常常用“网络珍珠港”[①] 这样的比喻来警示网络空间面临的安全问题的严重性和不可预期，并在战略上将网络空间视为与陆、海、空、天同等重要的一个战略空间，因此进行了及早布局。在战略规划、法律规制、技术开发、资源整合等方面，都在不断完善，形成了相对完备的网络空间安全治理体系。对美国网络空间安全治理，不仅要将其作为一个整体现象看待，而且也有必要对其内在运行逻辑和运行机理进行剖析，特别是网络信息技术从军用转向民用、从设备安全（计算机安全）发展为国家安全的过程和军民主体间形成的协同关系，对于我国军民融合战略的深入落实、构建一体化战略体系和能力具有重要价值。

（三）军民协同是理解美国网络空间安全治理的重要视角

长期以来，我国学界常常将美国国防工业体系上形成的“军民一体化”发展模式作为一种军民融合发展模式进行研究，而对形成这种发展模式的宏观背景、内涵和运行机理着墨不多。实际上，所谓美国的“军民一体化”专指的是国防工业基础，特别是冷战以后形成的大型军工企业的运作方式，即美国的军工企业能够做到军民产品兼顾、能力兼顾，能够同时支撑美国国防和国家经济发展需求的能力。这一点和我国提出的“军民融合发展”战略显然不同。我国的军民融合最终目标是要形成

① Richard Stiennon, “Cyber Pearl Harbor Versus The Real Pearl Harbor,” https: //www. forbes. com/sites/richardstiennon/2017/12/07/cyber - pearl - harbor - versus - the - real - pearl - harbor/#7346503c5bf7.（上网时间：2017 年 12 月 7 日）

国家一体化的战略体系和能力，是国家层面的统筹，而不是简单针对国防工业基础的资源统筹。因此，在企业的军民一体化运作和国家的军民融合战略之间，还应该存在一个运行层，即本书提出的“军民协同”，这是一种主体间的互动关系，这种互动造就了国家的军民协同创新生态体系①和国家安全的整体能力，目前对这一国家治理体系研究明显不足，特别是对于具体国家安全治理层面的运行机制有待进一步挖掘。

（四）网络空间安全是中美大国战略博弈的重要领域

习近平总书记多次强调：“大国网络安全博弈，不单是技术博弈，还是理念博弈、话语权博弈。”② 中美之间大国战略博弈态势已经非常明显。在中美战略博弈语境下，如果双方都不能认真地对网络空间安全情况进行深入而真实的理解，就可能会造成双方的误读误解，加深矛盾。③对我国而言，“改变自己、影响世界”是根本出路，加强对强敌的研究也是改变自己的重要路径。随着新一轮科技革命和产业变革的加速推进，网络空间自身安全和其对国家安全的影响都发生了革命性的变化，这对整个国家安全治理体系和治理内容两个层面都产生了深远影响。网络空间安全不仅是网络空间自身的问题，而且是涉及国家安全的问题。中美两国在现实政治领域的战略博弈在网络空间形成了映射。网络空间成为中美两国当前的一个重点博弈场所，可能在未来十年成为国际安全的主要竞争领域。长期以来，国内外学者对美国网络空间安全战略的研究，或者采用传统国际关系理论的方法进行整体战略性研究，或者对互联网

---

① Boston Consulting Group（BCG）：“How Trade Restrictions With China Could End Us Leadership In Semiconductors，” https：//media－publications. bcg. com/flash/2020－03－07－How－Restrictions－to－Trade－with－China－Could－End－US－Semiconductor－Leadership. pdf. （上网时间：2020 年 3 月 7 日）

② 《习近平总书记在网络安全和信息化工作座谈会上的讲话》，http：//www. cac. gov. cn/2016－04/25/c_1118731366. htm. （上网时间：2016 年 4 月 25 日）

③ The U. S. －China Economic and Security Review Commission：“Technology，Trade，and Military－Civil Fusion：China's Pursuit of Artificial Intelligence，New Materials，and New Energy，” https：//www. uscc. gov/sites/default/files/2019－10/June%207，%202019%20Hearing%20Transcript. pdf. （上网时间：2019 年 6 月 7 日）

技术层面进行微观分析，而对于美国网络空间安全体系的具体运行机制和逻辑的研究还较少。

二、研究的重点

（一）剖析美国网络空间安全治理中的军民协同关系

作为一种新兴的国家安全治理领域，目前国内社会科学领域的网络空间安全研究主要集中于宏观战略和政策梳理层面，对美国网络空间安全战略作为一种既成事实进行整体性研究，这与国际关系理论将国家作为一个单一行为体进行研究是一致的。但是，对于一种国家安全的新领域，单纯的宏观研究是不充分的，还需要对其内在运行机制进行进一步剖析。这是因为，网络空间安全相比其他几个空间维度而言有其自身的复杂性，其治理体系实际上随着技术的成熟在不断演进、成熟，在发展过程中形成了新的能力体系和治理体系。因此，本书从国家安全的视角，对美国网络空间安全治理体系中军民两个子体系的运行及相互关系进行剖析，深入理解美国网络空间安全战略的发展过程和能力形成机理，是本书的研究重点和创新之处（参见图 1 - 2）。

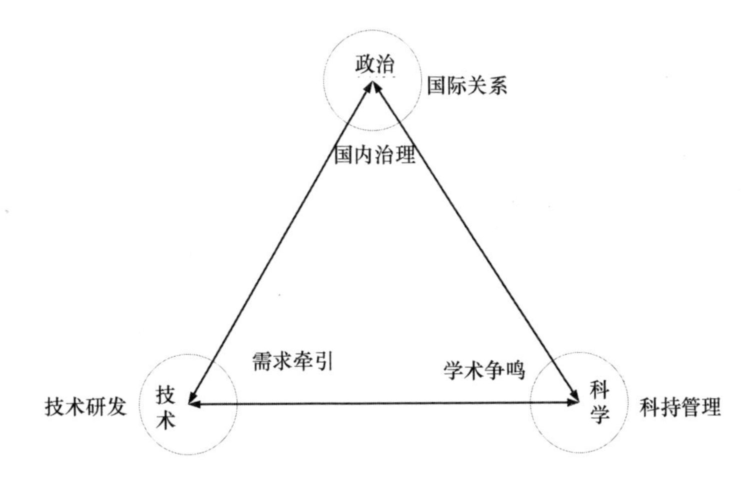

图 1—2　网络空间安全研究的视角与本书选题点

（二）探索"体系—过程"理论在网络空间研究中的应用

长期以来，许多学者认为用国际政治和国家安全的相关理论来解释网络空间安全的复杂性存在巨大困难。但随着技术的发展和应用的日渐成熟，研究者对网络空间的理解更为直观、深入，因此逐渐从一种技术主导向治理和技术两种研究视角并重的方向转移，利用国际关系或安全理论对网络空间安全治理研究已经越来越多。[①] 网络空间发展基于信息技术，但网络空间安全绝不是单纯的技术问题，而是涉及国家安全治理的体系性、战略性问题。本书结合国内外众多政治学学者提出的"体系—过程"理论，对美国网络空间安全治理体系、发展过程和成效进行体系性分析，深入剖析美国网络空间中军民两个主体之间关系互动对整个体系的影响，总结分析美国构建军民协同网络空间安全体系的理论基础和战略逻辑。

（三）为我国网络空间安全治理的军民协同提供参考

国内学者对于美国国防科技工业的研究常常将其归结为"军民一体化"。这种简化理解将研究重心放到了美国的企业主体层面，而忽略了形成这种现象的深层次原因，特别是对于国家安全层面行为体间的关系和权力运作方面关注不多，而将政府权力主体视为一种单纯的需求输入。本书采用"体系—过程"理论来分析美国网络空间安全，在解释军民主体间关系时引入了协同的理念，从而将研究重心放在了主体间的互动方面，将主体间互动（信息共享）作为国家安全目标的一个重要序参量进行研究，从而将网络空间研究从单纯的技术研究转化到了国家安全治理层面，从宏观战略叙述深入到了中观的安全体系运作机制层面，弥补了单纯的战略研究过于宏观、技术分析过于追求细节的不足。我国当前正在推进的军民融合发展战略，也是为适应当前网络信息技术带来的社会

---

① Deibert, R., "Trajectories of Cyber Security Research," in A. Gheciu, & W. C. Wohlforth (Eds.), *Oxford handbook of international security*. Oxford: Oxford University Press. 2017. pp. 531 - 546.

变革而提出的一种国家安全治理方式和能力形成方式。在网络空间安全治理的中观层面还需要进行体系化的分析和设计。因此，对美国网络空间安全治理中的军民协同策略深入研究具有现实意义。

三、研究的基础

（一）国内外网络空间安全研究综述

美国是网络技术的发源地，对于网络空间的发展演进发挥了重要作用，在网络空间安全治理的体系建设和研究方面也具有比较优势。美国相关人员除了对宏观战略进行分析以外，从网络空间内部运行中的权力、国际政治格局、网络威慑等角度进行的研究较多。对于美国的研究一直是我国学者研究的热点，技术是美国研究的一个重要领域，一些研究人员充分发挥“理技结合”的优势，对美国网络空间的发展进行了较为长期的跟踪和分析。但这些更多属于战略情报领域，是将美国发布的相关战略文件作为一种事实性研究对象，而对其内部运行管理机制的关注度还不够，对美国网络空间安全治理军民协同的现状和运行机制的研究还鲜有涉及，这也是本书选题的努力方向。

目前，网络空间安全已经逐渐发展成为一个跨学科、跨领域和全球性的研究热点，各学科领域都在尝试对网络空间安全问题进行解读，而真正从治理层面来研究网络空间，大致起始于20世纪90年代，学者陆续以专著、学术论文和研究报告等形式，形成了大量研究成果。总体而言，这些研究大致可划分为美国网络空间安全的宏观战略以及互联网技术发展的影响两大方向。

20世纪七八十年代，互联网还处于萌芽状态，应用场景主要为美国国防部内部和实验室，因此针对互联网的研究人员主要是技术领域的研发工作者，关注点也是互联网研发初始阶段计算机网络自身的安全层面，只有少部分研究者敏锐地捕捉到了网络技术发展带来的社会问题，开始从哲学和社会学层面关注互联网技术，比如美国的阿贝·摩思卫茨

(Abbe Mowshowitz)[1]、加拿大的哲南·W. 弗莱森（Zenon W Pylyshyn)[2]、德国的J. 维哲伯姆（Joseph J Weizenbaum)[3] 等。有些学者也关注到了互联网技术带来的安全风险等，代表人物有美国学者卡瑞·古德（Carol Gould)[4]、德布拉·约翰森（Deborah Johnson)[5] 和丹·B. 帕克（Domn B Parker)[6] 等。这一阶段的研究对象还属于计算机体系本身的安全及其带来的社会影响，并不是本书所研究的国家安全层面的网络空间安全问题。

自20世纪90年代开始，互联网的技术进步和应用领域都发生了“军转民”的转向，这个阶段的互联网商用化是造成互联网社会化和网络空间化发展的关键阶段。整个世界、整个社会逐渐在被互联网技术连为一体，互联网与社会生活深度融合，为扩大研究领域奠定了基础，网络空间的概念开始被学者所接受，为学者从哲学和人文层面探索网络空间的属性和本质提供了物质条件，出现了几部影响至今的划时代的研究成果。美国麻省理工学院学者尼古拉·尼葛洛庞帝（Nicola Negroponte）的著作《数字化生存》[7] 非常具有预见力，书中对数字技术对人类现实生活的冲击进行的预测和分析许多都成了现实，他的分析影响了后来许多网络空间研究者。曼纽尔·卡斯特（Manuel Castells）先后通过三部著作来分析未来的网络空间:《网络社会的崛起》(1996)[8]、《认同的力量》(1997)[9] 和

① Abbe Mowshowitz, “On approaches to the study of social issues in computing,” Communications of the ACM 24, 1981, pp. 146 – 155.

② Pylyshyn, Z. W, “Computation and cognition: toward a foundation for cognitive science,” Artificial Intelligence, 1984, 38 (2), pp. 248 – 251.

③ Weizenbaum, J, “Computer Power and Human Reason: From Judgment to Calculation,” Physics Today, 30 (1), 1977, pp. 68 – 71.

④ Boulder, The Information Web: Ethical and Social Implications of Computer Networking, Boulder CO: Westview Press, 1989.

⑤ Johnson D G, Computer Ethics. New Jersey: Prentice Hall PTR, 2000.

⑥ Parker, Donn B. , Computer Security Management, New Jersey: Prentice – Hall Inc, Englewood Cliffs, NJ. , 1983.

⑦ Negroponte N P, Being Digital, New York: Random House Inc. 1995.

⑧ Castells, Manuel: The Rise of the Network Society, The Information Age: Economy, Society and Culture Vol. I, Cambridge, Massachusetts; Oxford, UK: Blackwell, 1996.

⑨ Castells, Manuel, The Power of Identity, The Information Age: Economy, Society and Culture Vol. II, Cambridge, Massachusetts; Oxford, UK: Blackwell, 1997.

《千年的终结》（1998）[①]，这些书至今仍被广大网络空间研究者学习引用。他从技术理性的角度来分析网络空间发展，在认真分析了网络空间的技术基础之后，开创性地对网络信息技术对社会结构和发展变迁进行了分析，将其从技术层面上升到了社会和哲学层面。曼纽尔·卡斯特的著作搭建了网络空间技术和社会研究的桥梁，成为从哲学、社会学角度来研究网络空间安全的技术问题的一座不可逾越的学术高峰。

网络空间安全进入国家层面是在 20 世纪 90 年代末期，深入研究是在进入 21 世纪以后。网络空间技术逐渐成熟，网络空间的概念也逐渐得到广泛认同，研究视角也从技术领域向更多元的方向发展。但是，由于网络空间的多维属性，也形成了研究的多重视角。例如，来自计算机专业或通信专业院校以及具有计算机科学技术背景的学者比较关注互联网技术，因此他们的研究偏重技术；而来自军事学院或具有国防科技背景的学者则更多关注网络对抗，更多从军事或国防科技角度进行研究；具有法律背景的学者更加关注网络空间的国内外立法问题，因此也形成了一股重要的研究力量。特别值得一提的是，鉴于网络空间的跨边界特性，国际政治领域的学者也开始从权力、制度和规范视角来研究网络空间的全球治理。尽管这些早期的研究范围还比较单一，但是毕竟已经在研究角度上有所拓展，对本书进行深入探讨美国网络空间安全治理问题具有极强的启示作用。

（二）国内关于网络空间安全问题研究

网络信息技术在我国广泛应用是在 2000 年前后，因此引起了学者的关注。网络空间安全的研究队伍逐步从以单纯的计算机技术研究为主，扩展到国防科技和军事理论研究人员、国际政治领域的研究人员。从研究进程看，主要包括计算机安全、信息安全、网络空间安全几个阶段。国防科技和军事领域往往对新兴技术比较敏感，特别是我国长期以来保

---

① Castells, Manuel, End of Millennium, The Information Age: Economy, Society and Culture Vol. III, Cambridge, Massachusetts; Oxford, UK: Blackwell, 1998.

持了一支比较稳定的国防科技和军事理论研究队伍，因此在网络空间研究方面走在了各国前面，基础比较扎实，特别是随着军队和国防科技领域的几次改革，形成了相对的研究优势。20 世纪 90 年代，美国先后提出了 C^4I（指挥和控制、计算机、通信和情报）、“网络中心战”概念，并启动了大规模的网络信息基础设施建设（DII），我国国防科技情报和战略研究部门对美国的这些动态发展都进行了密切跟踪，对我国网络信息体系建设发挥了重要作用，在国防和军队领域形成了一大批网络空间安全战略方面的丰富成果。汪致远和李常蔚于 2000 年编著的《决胜信息时代》①，主要从信息化时代战争的角度对网络信息系统进行了分析，属于信息安全研究较为成体系的早期代表作。笔名“东鸟”的学者在 2010 年出版了《中国输不起的网络战争》一书，该书虽然不能称之为学术著作，但对“网络战争”进行了体系性论述，提出“谁控制互联网，谁就控制天下”② 的观点，这在当时背景下是具有一定超前性的。军事科学院的吕晶华 2014 年出版《美国网络空间战略思想研究》③ 一书，是目前国内对美国网络空间战研究较早且比较系统全面的专著，对美国网络空间战的思想起源、发展特点和体系构成都进行了深入分析，重点探讨了网络空间威慑、网络空间治理的法律基础、力量建设和人才储备等，是研究美军网络战思想的重要参考著作。蔡军和王宇等 2018 年出版的《美国网络空间作战能力建设研究》④；对美国网络空间作战相关概念进行了界定，他们的研究重点是网络空间作战的基础能力，特别是技术能力。

网络空间进入国际关系和政治学研究视域相对较晚。这一方面是因为网络空间本身的技术性较强，对大部分国际关系和政治学研究人员而言都存在一定难度。另一方面，网络空间和信息技术在我国成熟相对较晚，对国家安全的影响显现需要一个过程。中国现代国际关系研究院前

① 汪致远、李常蔚、姜岩：《决胜信息时代》，北京：新华出版社，2000 年版。

② 东鸟：《中国输不起的网络战争》，长沙：湖南人民出版社，2010 年版。

③ 吕晶华：《美国网络空间战思想研究》，北京：军事科学出版社，2014 年版。

④ 蔡军、王宇等：《美国网络空间作战能力建设研究》，北京：国防工业出版社，2018 年版。

院长陆忠伟2003年编著的《非传统安全论》[1]，是国内较早从国际关系视野来审视非传统安全的著作，其中第12章专门讨论了信息安全，对信息安全的内涵、性质和特点进行了较为详尽的阐述，特别是将信息安全作为国家安全的重要内容。同样在2003年，复旦大学蔡翠红教授出版了《信息网络与国际政治》[2] 一书，开创性地从国际关系理论层面探讨了信息网络，通过权力、主权与国家安全等国际政治语言，对网络空间进行了分析，研究重点是网络空间对国际关系的影响，分析了信息网络与全球化之间的互动关系，特别还对网络时代中国应对国际关系的举措提出了相关建议。辽宁大学在黄凤志教授带领下，在网络空间安全研究方面颇有建树，他于2005年就出版了专著《信息革命与当代国际关系》[3]，对信息技术对国际关系的影响分析得较为透彻。他从国际战略层面着眼，阐述信息技术发展对国家经济发展和社会进步的影响，进而对国际格局、世界经济政治、国际安全都具有变革动力。2009年，蔡翠红教授又出版了《美国国家信息安全战略》[4]，它是目前国内第一部专门研究美国信息安全战略的著作。她选择“信息安全”的概念，而不是“网络空间”的概念，也反映了成书的时代背景和该著作的着力点。她的研究层面是国家战略层，内容核心在于美国的信息安全发展、信息安全保障框架，以及“9·11”事件前后美国信息安全战略的演变等。特别强调的是，蔡翠红在其著作中总结的技术、管理和政策法规三层分析模型，成为长期以来美国网络空间研究的基本逻辑框架，本书在写作过程中深受其影响。复旦大学沈逸副教授2013年在其博士毕业论文的基础上了出版了《美国国家网络安全战略》[5] 一书，是国内较早明确采用“网络空间”安全战略这个概念而不是“信息安全”概念的著作。沈逸的著作比较偏重对历史发展脉络的梳理，通过对美国国家网络安全战略的产生、发展过程进

---

① 陆忠伟：《非传统安全论》，北京：时事出版社，2003年版。
② 蔡翠红：《信息网络与国际政治》，北京：学林出版社，2003年版。
③ 黄凤志：《信息革命与当代国际关系》，长春：吉林大学出版社，2005年版。
④ 蔡翠红：《美国国家信息安全战略》，上海：学林出版社，2009年版。
⑤ 沈逸：《美国国家网络安全战略》，北京：时事出版社，2013年版。

行系统性梳理，将美国网络安全战略发展的历程划分为防御、控制、塑造三个阶段，被后来许多研究者所引用。

随着网络信息技术在我国的广泛应用，精通计算机技术的研究人员对美国网络空间安全的研究较为微观，相比国际关系学者，这些研究人员能够比较好地把握网络空间自身的技术特点。唐子才、梁雄健编著的《互联网规制理论与实践》[①]，重点论述计算机技术与网络空间法律法规的关系。惠志斌的《全球网络空间信息安全战略研究》[②]，重点是对主要国家的网络空间战略进行比较研究。余洋主编的《世界主要国家网络空间发展年度报告》[③]，属于动态跟踪，近年来许多研究机构都进行了类似的工作，对世界主要国家的网络空间安全战略报告进行摘编、分析研判。中国科学院信息工程研究所的刘峰研究员和林东岱研究员 2015 年出版的《美国网络空间安全体系》[④] 一书，非常详细地介绍了美国网络空间安全治理的方方面面，特别是对美国网络空间的技术体系进行了较好的梳理，成为后来者深入研究美国网络空间安全治理的重要参考书。中国信息安全研究院左晓栋研究员于 2017 年牵头编译出版的《美国网络安全战略与政策二十年》，是一部详尽的信息情报著作，非常全面地对美国 1998 年至 2018 年四任总统的网络安全战略、法律、规划、行政令和总统令，以及相关部门发布的战略和规划进行了翻译，可谓鸿篇巨著，成为美国网络空间安全研究难得的重要参考书。[⑤]

除了上述学术专著之外，国内专门以美国网络空间为主题的学位论文研究也在不断增多，比如上面提到的沈逸和吕晶华的著作都是基于作者当年的博士毕业论文修订后正式出版。通过公开的中国期刊网（CNKI）搜索

---

① 唐子才、梁雄健编著：《互联网规制理论与实践》，北京：北京邮电大学出版社，2008 年版。

② 惠志斌著：《全球网络空间信息安全战略研究》，上海：上海世界图书出版公司，2013 年版。

③ 余洋主编：《世界主要国家网络空间发展年度报告（2014）》，北京：国防工业出版社，2015 年版。

④ 刘峰、林东岱：《美国网络空间安全体系》，北京：科学出版社，2015 年版。

⑤ 左晓栋等编译：《美国网络安全战略与政策二十年》，北京：电子工业出版社，2017 年版。

发现，以网络空间安全为博士论文的选题大部分都出现在2010年以后，包括上海外国语大学赵衍的《国家信息安全战略中的互联网因素》、北京邮电大学何跃鹰的《互联网规制研究》、复旦大学沈逸的《开放、控制与合作：美国国家信息安全政策分析》、复旦大学汪晓风的《信息与国家安全——美国国家安全战略转型中的信息战略分析》、吉林大学刘勃然的《21世纪初美国网络安全战略探析》、华东大学鲁传颖的《网络空间全球治理与多利益攸关方的理论与实践探索》、中共中央党校薄澄宇的《网络安全与中美关系》等。这些博士毕业论文注重理论和战略分析，他们毕业后也继续在网络空间安全领域进行了深入研究，取得了一批重要成果。

随着网络空间安全在国际关系领域受到越来越多的重视，一些学者在国内外期刊上发表了大量有分量的学术论文。这些文章大多出现在2010年以后，主要是因为随着网络信息技术的发展及其对社会的影响深入，美国政府高度重视网络空间战略部署，不断出台各种政策文件，由此带动了网络空间安全研究成为进入国际政治学者的研究热点。比如针对美国奥巴马政府网络安全战略的《奥巴马政府的网络安全战略分析》[①]、《美国网络安全战略分析》[②]、《奥巴马政府网络空间安全政策述评》[③]、《奥巴马政府网络空间战略面临的挑战及其调整》[④]，以及近期发表的《特朗普政府网络安全政策调整特点分析》[⑤]、《美国国家网络安全战略的演进及实践》[⑥]、《美国网络安全政策：历史经验与现实动向》[⑦]、

---

① 程群：《奥巴马政府的网络安全战略分析》，《现代国际关系》，2010年第1期，第8—13页。

② 程群：《美国网络安全战略分析》，《太平洋学报》，2010年第7期，第72—82页。

③ 吕晶华：《奥巴马政府网络空间安全政策述评》，《国际观察》，2012年第2期，第23—29页。

④ 鲁传颖：《奥巴马政府网络空间战略面临的挑战及其调整》，《现代国际关系》，2014年第5期，第54—60页。

⑤ 张腾军：《特朗普政府网络安全政策调整特点分析》，《国际观察》，2018年第3期，第64—79页。

⑥ 沈逸：《美国国家网络安全战略的演进及实践》，《美国研究》，2013年第3期，第30—50页。

⑦ 王本欣：《美国网络安全政策：历史经验与现实动向》，《现代国际关系》，2017年第4期，第43、58—62页。

《美国网络安全面临的新挑战及应对策略》[①]。还有一些文章从中美关系角度来审视美国网络空间安全战略走向，如《美国网络空间先发制人战略的构建及其影响》[②]、《美国网络安全逻辑与中国防御性网络安全战略的建构》[③]、《美国〈网络空间国际战略〉评析》[④]、《网络空间的中美关系：竞争、冲突与合作》[⑤]、《美国网络安全战略调整与中美新型大国关系的构建》[⑥]。还有一些文章对美国网络安全战略进行了深入的理论分析，如《美国网络安全信息共享机制及对我国的启示》[⑦]、《美国网络军事战略探析》[⑧]、《美国网络国际战略的基本要义与发展动向》[⑨]、《网络空间威慑报复是否可行?》[⑩]、《美国网络威慑战略浅析》[⑪]、《"斯诺登事件"后美国网络情报政策的调整》[⑫] 等。这些论文涉及了美国网络空间安全的方方面面，成为了解美国网络空间安全战略发展和政策分析的重要参考。

---

① 李恒阳：《美国网络安全面临的新挑战及应对策略》，《美国研究》，2016 年第 4 期，第 9、103—123 页。

② 蔡翠红：《美国网络空间先发制人战略的构建及其影响》，《国际问题研究》，2014 年第 1 期，第 40—53 页。

③ 颜琳、陈侠：《美国网络安全逻辑与中国防御性网络安全战略的建构》，《湖南师范大学社会科学学报》，2014 年第 4 期，第 34—40 页。

④ 刘勃然、黄凤志：《美国〈网络空间国际战略〉评析》，《东北亚论坛》，2012 年第 3 期，第 54—61 页。

⑤ 蔡翠红：《网络空间的中美关系：竞争、冲突与合作》，《美国问题研究》，2012 年第 3 期，第 107—121 页。

⑥ 汪晓风：《美国网络安全战略调整与中美新型大国关系的构建》，《现代国际关系》，2015 年第 6 期，第 17—24 页。

⑦ 马民虎、方婷、王玥：《美国网络安全信息共享机制及对我国的启示》，《情报杂志》，2016 第 3 期，第 17—23 页。

⑧ 李恒阳：《美国网络军事战略探析》，《国际政治研究》，2015 年第 1 期，第 113—134 页。

⑨ 阚道远：《美国网络国际战略的基本要义与发展动向》，《思想理论教育导刊》，2012 年第 10 期，第 28—32 页。

⑩ 董青岭、戴长征：《网络空间威慑报复是否可行?》，《世界经济与政治》，2012 年第 7 期，第 99—116 页。

⑪ 程群、何奇松：《美国网络威慑战略浅析》，《国际论坛》，2012 年第 5 期，第 66—73 页。

⑫ 汪晓风：《"斯诺登事件"后美国网络情报政策的调整》，《美国问题研究》，2018 年第 11 期，第 56—63、68 页。

因为这些学者的努力，国内研究人员对网络空间、美国网络空间安全战略的理解不断深化、透彻；但相对于传统的国家安全和国际关系研究领域而言，网络空间安全研究还不算成熟，特别是在国家安全治理层面还有待深入挖掘。

（三）国外关于网络空间安全问题研究

网络空间是技术驱动的产物，研究成果在很大程度上形成了对技术较强的依赖性。欧美国家因占据技术优势而在该领域的成果比较丰富，相较于国内学者而言研究视角呈现多元化，研究的层次也更为深入。尤其是美国学者，对本国网络安全战略的研究透彻，更加突出其实用价值，研究方向涉及网络战、网络中心战、网络空间安全战略、网络力量、网络威慑等。这些研究主要发生在20世纪90年代、特别是1995年以后。

目前几乎所有美国国家安全相关智库都开设了网络空间安全专题研究，涌现了一大批业内知名的研究人员。兰德公司（RAND）不仅是互联网技术的缔造者之一，也是作为最早提出网络战概念的机构之一，在网络战方面成果突出，影响较大。早在1993年，约翰·阿奎拉（John Arquilla）和戴维·荣菲尔德（David Ronfeldt）两名研究员就发表了《应对信息时代的冲突》① 研究报告，对网络战进行了预测，认为人类战争和社会冲突将因此而改变。2009年，兰德公司出版《网络威慑与网络战争》② 一书，提议美国要构建“三位一体”的网络空间安全体系。美国战略与国际问题研究中心研究员贝克（Baker）等在2010年发布了《交火：网络战争时代的关键基础设施报告》③，分析了信息时代关键信息基

---

① John Arquilla, David Ronfeldt, “In Athena's Camp: Preparing for Conflict in the Information Age”. https://www.rand.org/pubs/monograph_reports/MR880.html.（上网时间：2015年5月17日）

② Libicki M C, “Cyber deterrence and Cyberwar,” RAND Corporation, https://www.rand.org/content/dam/rand/pubs/monographs/2009/RAND_MG877.pdf.（上网时间：2009年6月15日）

③ Baker, S., Waterman, S., & Ivanov, G., “In the Crossfire: Critical Infrastructure in the Age of Cyber War,” http://img.en25.com/Web/McAfee/CIP_report_final_uk_fnl_lores.pdf.（上网时间：2013年3月20日）

础设施防御面临的困难。另外，美国一些网络空间安全公司积极建言献策，发表了大量有价值的咨询报告，提出美国要积极应对网络空间战，如知名网络安全公司迈克菲（McAfee）2009年发布的《网络战争迫在眉睫》[①]，博思·艾伦咨询公司（Booz Allen Hamilton）在2011年发布的《网络2020——维护网络领域全球领导力》[②] 研究报告等。

另外，还有一批国际关系学者也敏锐地捕捉到了时代的变革，从网络信息技术对权力和国际关系格局的影响等方面进行了深入的体系性研究。莫顿·卡普兰（Morton A. Kaplan）建构的“卡普兰国际体系六模式”，在研究过程中使用了计算机模拟技术，这即便在当前也是比较前沿的研究方法。他特别对信息技术与社会变革的关系进行了深入分析，这一点对研究网络空间视域下的国家关系起到了很好的启迪作用。卡普兰的这种体系和过程理论视角也是本书的核心理论基础。哈佛大学的约瑟夫·奈（Joseph S. Nye Jr.）教授多年来关注网络空间安全问题，论著颇丰，是当前美国研究网络空间“权力”最具影响力的学者之一。在《美国注定领导世界?》[③] 一书中首次提出“软实力”的概念，在我国政商学界都有很大影响。在《美国的信息优势》[④] 一文中，他甚至还提出了“信息权力”概念。戴维·罗斯·卡朋特（David Ross Carpenter）的《网络政治：信息时代权力性质的演变》，主要分析未来网络空间环境下国家主权观念的变化，进而提出网络信息技术影响国家安全。艾莉森·劳拉·拉塞尔（Alison Laura Russell）在《网络封锁》[⑤] 中提出“网络封锁”概念，把网络权力比作“航海权”，提出要用信息封锁来制裁敌对

---

① McAfee, “Virtually Here: The Age of Cyber Warfare,” http://cs.brown.edu/courses/csci1800/sources/2009_McAfee_VIRTUAL_CRIMINOLOGY_RPT.pdf.（上网时间：2013年3月20日）

② Booz Allen Hamilton, Cyber 2020 Asserting Global Leadership in the cyber domain, http://www.boozallen.com/media/file/Cyber-Vision-2020.pdf.（上网时间：2011年2月20日）

③ ［美］约瑟夫·S. 奈：《美国注定领导世界?》，北京：中国人民大学出版社，2012年版。

④ Nye J S, Owens W A, “America's Information Edge,” Foreign Affairs, 1996, 75 (2), pp. 20-36.

⑤ Alison Lawlor Russell, Cyber Blockades, Georgetown University Press, 2014.

国家，形成与经济制裁类似的效果。

由于网络空间技术的发展对国家安全的影响，美国还特别重视从战略层面对网络空间安全的布局进行研究，分析美国网络安全战略中的不足，有针对性地提出解决方案。比如弗兰克·J. 西卢弗（Frank J. Cilluffo）和J. 保罗·尼古拉斯（J. Paul Nicholas）在《网络战略2.0》[①]中，主要针对美国的网络空间战略布局进行研究，认为尽管美国信息技术占据优势，但是在资源配置和组织协调方面能力不够，因此影响了网络的威慑效果，建议美国通过设立"网络空间预警框架"与盟友形成国际合作力量，提升网络威慑力量。詹姆斯·安德鲁·刘易斯（James Andrew Lewis）在《网络安全：国内解决转化为国际合作》[②]中基本保持了与尼古拉斯同样的观点，认为国际合作是美国网络空间影响力提升的重要途径，应该积极开展国际合作形成共同治理。这一观点在2003年提出，直到奥巴马时期才得到重视。

威慑也是美国网络空间安全研究中一个重要概念，多年来一直在学术界引起争议。有学者倾向于通过威慑来实现防御的目的，有学者认为通过规范来形成制度威慑，还有学者认为通过合作也可以达到威慑的目标。[③]还有学者认为通过进一步扩大主体间利益联系，发挥互联网的互联特性，使对手考虑到共同的利益而放弃发动网络攻击行为。[④]另外部分美国学者探讨网络空间安全治理问题，如政府部门和私营部门之间的合作，这些著作对于本书的准备阶段起到了直接作用。如丹尼尔·阿贝贝认为，网络空间的相互联系特点要求美国要从整体上把握网络空间安全战略，加强美国国会以及政府各部门之间的协调，从而减少战略实施

① Frank J. Cilluffo, J. Paul Nicholas, "Cyberstrategy 2.0," The Journal of International Security Affairs, Spring 2006.

② James A. Lewis, Cyber Security: Turning National Solutions into International Cooperation, Center for Strategic & International Studies, (2003年8月14日).

③ Derek S. Reveron, Cyberspace and National Security, Threats, Opportunities, and Power in a Virtual World, Georgetown University Press, 2012, pp. 226 - 227.

④ Scott Jasper: Conflict and Cooperation in the Global Commons: A Comprehensive Approach for International Security, Georgetown University Press, 2012. pp. 64 - 66.

的阻力。[①] 约翰·柯林（John Currin）主要针对网络犯罪进行研究，分析了司法部门在网络犯罪威慑方面能够发挥的作用。他认为，“9.11”事件之后，美国先后通过了《网络情报共享和保护法》《网络安全法》《爱国者法》等法律，对于美国网络空间形成事实的网络威慑力量具有重要意义，这些法律规范最大的功用在于可以消除部门间隔阂，从而能够更好通过合作来打击犯罪。[②] 理查德·霍恩（Richard Horne）在《建立第一道防御线》中提出，美国联邦政府部门需要与私营部门密切合作，因为美国的网络信息技术能力主要掌握在私营部门手中，因此这种合作可以提高情报共享效率、提升安全防御能力。[③] 这些学者比较了解美国的行政运行体系，与政府保持了密切关系，对美国网络空间安全治理的运行机制进行了分析，同时对网络空间安全也有深入研究，因此提出的对策建议往往都具有可操作性，这些直接启发了本书的选题和写作。

（四）网络空间安全治理军民协同研究

通过梳理和对比国内外学者有关网络空间安全问题研究可以发现：第一，相对国外学者的研究，我国学者目前对网络空间安全的研究在理论基础方面还有一定差距，大部分国内学者的研究还是基于事实的情报分析，有关网络空间安全治理的理论体系较为薄弱。第二，对网络空间安全治理中的军民协同问题研究目前还属于一个相对空白的领域，一些学者偶尔在其他研究中提及，但很少做深入的机理性探讨。第三，从国家安全层面来探讨军民融合问题，目前还属于比较前沿的问题，大部分学者对于军民融合的研究一般都着眼于技术层面。但是，国内外依然有些学者对网络空间的治理主体关系进行了研究，有些已经触及到了军民

---

① Abebe D：“Cyberwar，International Politics，and Institutional Design”，*University of Chicago Law Review*，https：//chicagounbound. uchicago. edu/cgi/viewcontent. cgi？ article = 5916&context = uclrev. 2016，83（1），pp. 1 – 22.

② John P. Carlin，“Detect，Disrupt，Deter：A Whole – of – Government Approach to National Security Cyber Threats，” Harvard National Security Journal，2016（7），pp. 393 – 436.

③ Richard Horne，“Establishing the first line of defense，” *The World Today*；Dec 2012/Jan 2013，Vol. 68 Issue 11，pp. 36 – 37.

协同关系，对本书具有重要启示作用。

美国纽约城市大学罗伯特·J. 多曼斯克（Robert J Domansk）的博士论文《谁在管理互联网？逐步出现的政策、制度与监管》[①]，提出了网络空间治理的四层分析管理框架，通过对网络空间构成主体来分析网络空间安全治理，这一分析框架为本书探讨美国网络空间安全治理体系提供了很好启示。迈克尔·切尔托夫（Michael Chertoff）在《国土安全》一书中对网络空间安全的脆弱性进行了详细阐释，他认为分析网络空间安全的脆弱性主要源于体系性不足，比如控制领域分散、拥有分散，这种分散难以形成合力，同时也容易受到攻击。因此，要提升应对网络空间安全的效能，就需要政府、企业、个人等多方加强配合。[②] 布莱斯顿（Bridgette Braxton）在《关键基础设施保护》一文中提出公私合作能力不够是造成基础设施脆弱性的主要根源，因此必须通过深度开展公私合作才能有效解决这一问题。[③] 克里斯特尔·G. 哈文斯（Kristell G. Havens）的硕士学位论文《边界，没有分界线：对网络安全政策与演变中国家主权的分析》，对网络空间的主权进行了理论和现实分析。[④]

综上所述，这些文献基本上都体现了体系论、多元协同的研究视角，这也是研究国家安全和网络空间安全治理中的军民协同问题的基本思路。

目前国内对美国网络空间安全治理中的军民协同研究相对较少，主要是一些军队和国防科技领域的研究人员结合国内军民融合深度发展战略的开展，对美国网络空间安全产业的军民协同进行了对比性分析。杨

---

① Robert J. Domanski, *Who Governs the Internet? The Emerging Policies, Institutions, and Governance of Cyberspace*, A dissertation submitted to the Graduate Faculty in Political Science in partial fulfillment of the requirements for the degree of Doctor of Philosophy, The City University of New York, 2013.

② Michael Chertoff. *Chapter Title*: 8 *Cybersecurity*, *Homeland Security*, University of Pennsylvania Press, November 2011, pp. 95 – 103.

③ Bridgette Braxton, *Critical Infrastructure Protection. A Capstone Project Submitted to the Faculty of Utica College*, in Partial Fulfillment of the Requirements for the Degree of Master of Science in Cybersecurity Intelligence, November 2013.

④ Kristell G. Havens, *Borders Without Boundaries*: *Analysis of Cyber Security Policy and Changing Notions of Sovereignty*, In Partial Fulfillment of the Requirements for the Degree of Master of Science Cybersecurity, Utica College, December 2014.

剑出版的《数字边疆的权力与财富》[①] 一书，以网络空间（信息技术空间）为研究对象，从政治、市场和技术三个层面入手，对网络信息技术的资源属性和权力属性展开剖析，对本书研究网络空间治理军民协同具有一定借鉴意义。吕晶华[②]、赵超阳[③]、温柏华[④]和杜艳芸[⑤]等学者发表的一批有关美国网络空间军民融合的论文，一方面对美国网络空间战略中的军民协同模式进行了探索，另一方面对美国网络空间安全的发展脉络进行历史性梳理，这些都对理解美国网络空间的治理现状提供了较好的基础。但仅从研究的深度而言，国内学者对美国网络空间安全治理的军民协同认知还有待进一步深入，特别是从国家安全治理的视角对其进行体系化的分析还是有必要的。

四、结构与方法

（一）研究框架

网络空间安全研究属于国家安全研究的次级课题，由于网络空间自身发展的动态性，在定义等问题上还时有争议，所谓的网络空间战争也没有真实案例发生，所有的研究还属于学术探讨和政策研究层面，因此本书对于网络空间的实证研究还略显不足。国内学者目前的研究基本上都接受美国对网络空间的界定，将其视为一种既成事实进行战略性分析，但是对于美国网络空间安全体系的内在运行逻辑还有待进一步深化研究。当然，这些不是本书的论述重点。本书研究的焦点问题是随着网络信息技术的成熟，网络空间安全治理中军民两个体系在国家安全视域下进行

---

① 杨剑：《数字边疆的权力与财富》，上海：上海人民出版社，2012 年版。

② 吕晶华：《美国网络空间军民融合的经验与启示》，《中国信息安全》，2016 年第 8 期，第 56—68 页。

③ 赵超阳：《美军军民融合推动网络空间发展的做法》，《国防》，2014 年第 8 期，第 28—30 页。

④ 温柏华：《美国军民融合网络空间国家体制及启示》，《中国信息安全》，2015 第 8 期，第 70—72 页。

⑤ 杜雁芸：《美国网络安全领域军民融合的发展路径分析》，《中国信息安全》，2016 第 8 期，第 63—66 页。

协同，形成国家安全能力的问题。

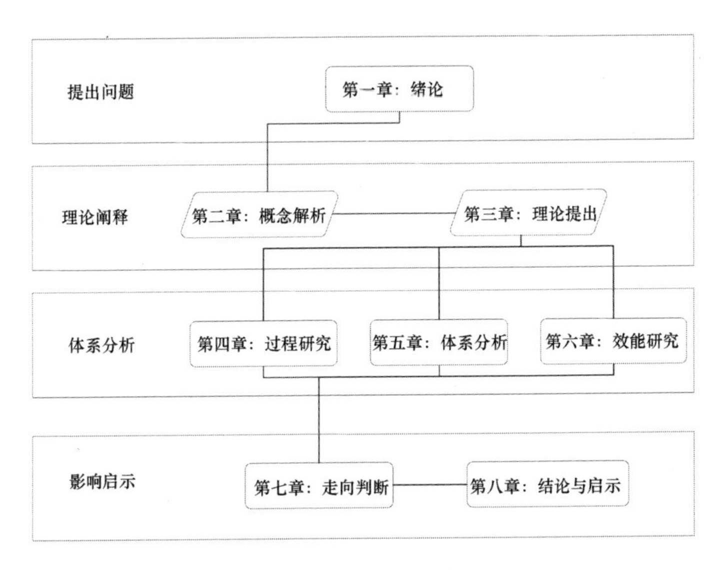

图 1—3　本书基本结构框架

本书采用“体系—过程”理论方法，审视美国网络空间安全治理中的军民协同，全书划分为 8 个部分（参见图 1—3）。第一章、第二章和第三章为提出问题、阐述概念和理论基础部分，对网络空间安全治理的相关概念、“体系—过程”理论、协同理论，以及其在网络空间安全治理体系中的适用性进行分析。为了研究方便，本书特别对“军民融合”“军民一体化”和“军民协同”三个较为常用的概念进行了辨析，从而进一步确立了本书研究的侧重点。

第四、五、六、七章是本书的核心部分，主要从美国网络空间安全治理体系、发展过程和协同层面对美国网络空间安全治理体系进行分析，包括第四章的网络空间安全治理军民协同发展历程、第五章网络空间安全治理军民协同治理体系、第六章的网络空间军民协同成效和第七章美国网络空间安全治理军民协同的走向。通过这四部分的综合分析，勾勒出美国网络空间安全治理的体系框架和其中军民主体间互动关系。本书的重点是美国联邦政府内部军政部门间的关系，同时也会少量涉及国防部门和企业的关系。

最后部分为结束语，对全部内容进行综合性、结论性阐释，基于前面的分析理解美国网络空间安全治理体系军民协同对我们的启示。美国网络空间军民协同关系的建立，是美国网络空间安全能力形成的重要因素，对当前我国推进军民融合战略，特别是解决体制性障碍、结构性矛盾和政策性问题具有借鉴意义。

（二）研究方法

本书在现有研究的基础上予以进一步探讨，将网络空间看作一个体系，将宏观、微观和中观相结合，重点是中观层面，对体系内的要素节点间的关系进行分析，探索美国网络空间安全体系的运行和构建逻辑。在研究方法上，通过将传统理论和实践相结合、历史和案例相结合的方式，广泛获取网络空间安全的相关信息与数据，对美国网络空间安全体系的军民协同进行深入探讨，以提出更具实践性与针对性的网络空间安全治理策略。

1. 体系研究法

体系研究方法是本书的核心。本书主要结合戴维·伊斯顿（David Easton）、莫顿·卡普兰（Morton A. Kaplan）、肯尼斯·沃尔兹（Kenneth Waltz）等学者提出的体系论思维，来分析美国网络空间安全体系，以及体系内军民两类主体之间的互动关系。本书基于这些学术前辈的政治学体系分析方法，在分析层次上将网络安全环境视为一个独立的生态体系，剖析国内网络空间安全关系主体之间互动形成国家安全能力的过程。

2. 历史研究法

网络空间安全治理受技术发展的驱动和制约，因此过程论是研究网络空间安全的必经之路。从计算机技术到通信互联网、数据互联网，网络空间经历了一个漫长的发展过程，要理解美国网络空间安全治理问题，历史研究方法是必不可少的。本书在探讨美国网络安全战略缘起和发展历程中，均采取了过程论的研究方法，通过时间来梳理美国网络空间安全战略发展历程，进而探讨美国联邦政府的网络空间安全的战略逻辑。

3. 归纳演绎法

归纳法，就是通过对体系中的个体进行单独分析，然后结合系统的环境推理出事务的普遍规律。[①] 演绎法的前提是大量占有情报数据资料，然后进行整理形成体系，通过相对合理的逻辑推理，推导出未知的结论。[②] 本书通过对克林顿至特朗普四任美国总统不同阶段的美国网络安全战略分析，结合战略制定时美国国际与国内安全环境变化，寻找规律、研判基本走向，分析美国网络安全战略的实质目标及实施原则。

五、创新和难点

（一）研究创新点

本书将网络空间安全治理置于国家安全的宏观语境中，对美国网络空间安全体系的战略体系构成和运行机理进行更深层次的分析，尤其是针对美国在网络空间上的战略协同、产业融合和技术通用特点进行了综合研究，在研究方面有如下创新点。

1. 理技结合研究方法具有学科交叉性

网络空间安全和军民融合均属于前沿课题，从目前研究的成果综述可以发现，当前网络空间安全研究的主流是技术流派，而从政治学特别是国家安全治理层面来研究还处于起步阶段。通过全面的资料搜寻，截至目前，本书尚未发现国内外同题著作、博硕士论文相关学术成果的出版或发表。本书的研究方法最重要的是"理技结合"，将国家安全理论与网络信息技术发展充分结合，形成相对完整的分析框架。采用体系理论研究方法，从体系角度来观察美国网络空间安全治理体系中的协同关系，提出美国网络安全战略与国内安全和国际网络空间安全环境间存在多重互动关系，同时美国国内的军民两个体系之间也存在密切的协同关系，从而形成了军民协同的网络空间安全体系，这种"多重互动"关系

---

① 阎学通、孙学峰：《国际关系研究实用方法》，北京：人民出版社，2001年版。

② 同上。

是美国网络安全战略调整与强化的根本动因所在。

2. 从国家安全视角搭建军民协同桥梁

在我国，军民融合问题研究长期以来主要属于国防经济学、技术转移转化等领域的研究主题。随着社会经济发展到了一个新的阶段，军民两个相对主体间的融合或协同也成为一个国家治理不可回避的议题。随着网络信息技术带来社会关系和国际关系的转变，国家安全能力体系建设需要更为广阔的视角。从安全角度来审视军民两个体系，将军民协同作为军民融合整体战略的一个层面，是研究军民融合问题一个合理的逻辑起点。

3. 中观层面分析弥补了相关研究不足

目前国内外学者对网络空间安全的研究主要从三个层面展开：第一，微观技术层，重点针对具体的网络空间安全技术开展研究，是目前研究最为充分的部分，研究人员主要来自计算机科学、信息科学等工学和理学领域。第二，中观治理层，主要集中于具体的网络空间安全管理机制方面，属于政治学中的公共管理研究范畴。第三，宏观层面国家网络空间安全战略体系、国际合作机制方面的研究，属于国际关系学、国际政治学、国际法学的范畴。本书的研究重点可归入中观层面，主要研究美国国内网络空间军民主体间的协同关系，通过这种关系研究，来勾勒美国当前网络空间安全体系基本态势、权力构成、权力使用和管理关系的调整。

（二）研究面临的难点

对美国网络空间安全战略的关注是最近几年发展起来的，本书所能参考的相关文献有限，客观上存在研究困难。在中国研究美国网络空间安全战略，因为认知的限制和地理空间的隔阂，对美国网络空间战略的具体运行机理的理解不够深入。为此，本书对美国网络空间安全的研究不局限于政策或技术层面，而是以美国网络安全战略为研究对象，深入探讨其战略运行中主体间关系、技术发展体系等方面，通过多层面的印证来加深对美国网络空间安全战略实施过程中的军民主体的理解，探索其运行的机制和基本逻辑。

理解网络空间安全治理问题，应该采取体系科学的方法，基于技术发展过程和发展趋势、认清网络空间安全治理多元主体互动的复杂性，进而从战略层面对网络空间安全治理，特别是军民协同关系进行全面、深入分析。但是作为非美国战略制定亲历者，在研究中仅仅是文本分析和归纳演绎，对美国网络空间安全治理对其国家安全的理解还需要进一步探究，因此本身存在一定研究难度。另外，军民协同在国家治理层面本书努力采用“体系—过程”理论研究视角，从多个层面来印证美国网络空间安全战略的治理问题，把握网络信息技术作为先进生产力的内在规律，从而在一定程度上弥补了研究上的不足，尽可能完整地勾勒美国网络空间安全治理的军民协同发展全貌。

第二章/网络空间安全治理军民协同相关概念解析

网络空间自生成之日起，就在不断对人类现有空间进行塑造，对人类权力关系进行结构重组。资源和权力的概念在网络空间中都将得到重新定义。[①] 国内外学者从技术构成、社会属性、安全治理等多个角度对网络空间和网络空间安全治理的概念进行了全面剖析，特别是将网络空间安全的研究从技术层面延伸至社会治理层面。本章主要从国家安全的角度，对网络空间、网络空间安全治理和军民协同等基本概念进行辨析，为后面进一步的深化研究确定边界。

第一节 网络空间的基本概念辨析

一、网络空间的基本定义

（一）网络空间的词源分析

"网络空间"一词属于舶来语，对应英语单词"cyberspace"[②]，源自希腊语"cyber -"，本义是"掌舵、调节"，因此有学者将"cybernetics"译为"控制论"。最初将"cyber -"与网络联系起来的是加拿大科幻小说家威廉·吉布森（William Gibson），他在1981年的科幻小说《全息玫瑰碎片》（*Burning Chrome*，又译作《融化的铬合金》）中使用了"网络

---

① 杨剑：《数字边疆的权力与财富》，上海：上海人民出版社，2012年版，第14页。

② 对于cyberspace，有译为"赛博空间""网电空间"等，本书采用"网络空间"作为英语"cyberspace"的同义语。

空间”（cyberspace）一词，开创性地将计算机信息系统和人的神经系统进行了结合。1984 年，他对这个空间做出进一步的描述，提出了互联、信息、虚拟和人机交互几个重要概念，在某种程度上已经接近了今天对网络空间的理解。近年来，随着网络空间技术的进一步完善、发展，特别是一些新兴技术对网络空间的塑造，吉布森的科幻大多已经或正在成为现实。因此，吉布森可谓“网络空间”概念的创始人。

（二）网络空间的基本结构

本书的主旨是从国家安全的角度来理解网络空间安全治理中的军民协同问题，也即为了国家安全目标而采取的治理举措，重点是“安全治理”，对网络空间技术、网络空间基础设施等仅做出状态性描述，而不作重点研究。因此，在对“网络空间”明确界定前，有必要对其基本形态做简单描述。网络空间的架构体系影响了其性质，不同要素关系决定了其属性。具体而言，网络空间可划分为一个自下而上的垂直体系（参见图 2—1）：一是物理层面的基础设施，具体指构成网络空间基础的信息系统设备和相关技术；二是由代码组成的系统层，主要是指在网络空间运行所需要的基础软件系统、标准和结构设计等；三是数据信息层，随着大数据技术的成熟，数据信息在网络空间中的地位越来越重要，甚至有“数据是新石油”的提法[①]；四是应用层，主要包括在网络空间中发挥不同角色和功能的行为体、实体和用户层。[②] 本书的重点在应用层分析。这种纵向的层级划分有助于更清楚地了解网络空间的组成，分清各个层面的参与主体。所谓网络空间安全治理的军民协同，是指军民主体在这四个层次为实现国家安全的终极目标进行的关系建立与协调。

---

① Kiran Bhageshpur, “Data Is The New Oil—And That’s A Good Thing,” https：//www. forbes. com/sites/forbestechcouncil/2019/11/15/data－is－the－new－oil－and－thats－a－good－thing/#35892d327304.（上网时间：2019 年 11 月 15 日）

② Choucri, N., & Clark, D. D.（2013）, “*Who controls cyberspace*? Bulletin of the Atomic Scientists,” https：//doi. org/10. 1177/0096340213501370. 2013. pp. 21－31.（上网时间：2019 年 12 月 3 日）

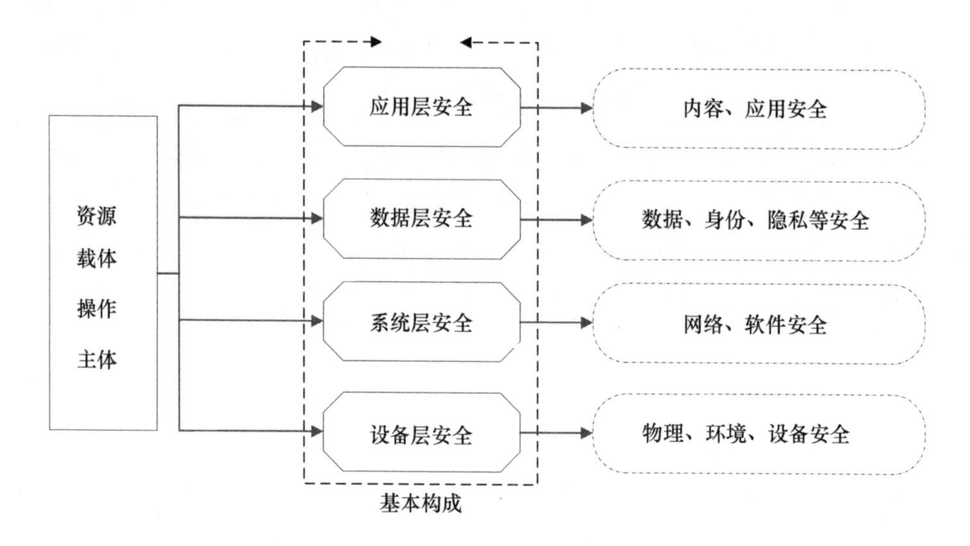

图 2—1　网络空间分层结构模型①

（三）网络空间的概念界定

网络空间的基础是网络与信息技术，是技术发展到一定程度形成的人造空间，是一种技术与应用综合化之后形成的人类活动空间。作为一种空间，必然呈现出一种三维属性，包括两个方面的内涵：其一，网络空间基于网络信息技术搭建而成的空间；其二，网络空间是人类社会活动空间。前者秉持的是客体性尺度，研究的重点是网络空间的技术、设备以及数据等；后者主要是一种政治经济学的解读，是从哲学层面来理解网络空间。网络空间的这种双重属性造成了其安全问题的复杂性，即技术的不稳定性和技术对社会的影响多面性等多种问题交融。社会发展对技术提出需求，技术发展同时改变了社会运行方式，造成新的治理问题。正如马克·戈德温所说："人们首先会对新技术带来的改变欢呼，但接踵而来却是对其带来的各类威胁恐惧。政治经济学者的任务是对这种恐惧做出回答。"②

---

① 方滨兴：《定义网络空间安全》，《网络与信息安全学报》，2018 年第 4 期，第 1—5 页。
② 乔岗编著：《网络化生存》，北京：中国城市出版社，1997 年版，第 404 页。

本书的焦点是对网络空间带来的安全问题从治理层面进行解读、回答。

第一类是基于技术层面的认知，从技术层面对计算机网络进行定义，这一认知相对清晰：网络空间就是按照计算机网络的基本逻辑构成的一种全球性多维网络。[①] 这是对网络的工具性、保守性的理解，比如美国小布什政府多次在战略文件中对网络空间的概念进行界定，但基本上都采取了比较保守的倾向。如2003年颁布的《保护网络空间的国家安全战略》认为："网络空间是由相互连接的计算机、服务器、路由器、交换机和光纤电缆组成、维持着国家基础设施运转的神经系统。"[②] 2008年小布什总统第54号总统令持类似观点：网络空间由互联网、电信网和计算机系统以及信息基础设施等互联技术和设备构成。[③] 这些对网络空间的界定都是基于基础设施、逻辑和数据而形成的概念，对于包括人在内的应用层如何发挥作用并不清晰。

第二类关于网络空间的理解更注重其社会属性。比如，国际电信联盟认为："网络空间包括计算机软硬件、信息数据、流量数据，同时还包括用户，所有这些集合起来形成网络空间的物理域或非物理域。"[④] 很明显，国际电信联盟对网络空间的理解已经不再局限于物理存在。英国2011年发布的《网络安全战略》引入了人机互动概念：网络空间是以存储、修改和交流信息为目的的多种数字网络组合而成的人机互动域。[⑤] 有学者甚至提出网络空间是由集体观念建构的，参与网络空间观念建构

---

① Miehael Benedikt: *Cyberspace*: *First Step*, Cambridge, M. A, MIT press, 1991, pp. 122 – 123.

② The White House, "National Strategy to Secure Cyberspace," https: //www. us – cert. gov/sites/default/files/publications/cyberspace_strategy. pdf.（上网时间：2003年2月2日）

③ The White House, "National Security Presidential Direcfiveinspd – 54/Homeland Security Presidential Directne/Hspd – 23," https: //fas. org/irp/offdocs/nspd/nspd – 54. pdf.（上网时间：2008年1月8日）

④ ITU, "ITU Toolkit for Cybercrime Legislation," https: //cyberdialogue. ca/wp – content/uploads/2011/03/ITU – Toolkit – for – Cybercrime – Legislation. pdf.（上网时间：2019年12月1日）

⑤ 张新宝、许可：《网络空间主权的治理模式及其制度构建》，《中国社会科学》，2016年第8期，第139—158页。

的所有行为相互支撑共同形成了一个概念空间。我国学者方滨兴院士持类似观点，他承认网络空间的软硬件构成，但构成空间的基础是人、机、物的有机联系、互动，从而形成了空间内容。[①] 有学者提出，网络空间与现实空间已经实现了深度融合，形成了一种权力的网络——物理空间。在这种空间中，国际权力关系得到重构，既有资源和权力的边界得到重新确定。[②]

因此，尽管精确定义网络空间有难度，但是本书基于国家安全研究视角形成了网络空间的概念定义："网络空间是基于网络信息技术，通过体系性互联互通而形成的人类社会活动空间。在网络空间发展演进过程中，网络空间与传统物理空间融合并重新组合，从而对权力进行结构重组，原先既有的资源和国际权力的边界在数字空间中将得到重新确定。"网络空间的构成一方面是网络信息基础设施，包括软硬件和数据等；另一方面是人的参与，形成了人际互动、人机互动的信息沟通交流。[③] 网络空间的形态有一定虚拟性特点，与陆、海、空、天几个物理空间存在本质上的区别，这一空间对人和对技术具有双重依赖。在对网络空间的理解上，可以有几点认知：第一，网络空间存在的基础是现实的而不是虚拟的。存储数据的计算机硬件体系和维持网络空间运行的软件体系，都是现实存在的。第二，网络空间权力构成的核心是数据信息，一旦生成之后就被存储和共享，也是现实存在的。第三，网络空间行为主体是现实的。网络空间的建设和运行必须以当前依照国际法规则而界定的国家来实施，因此具有"主权"特征，而不是"无国家属性"（stateless）或不接受任何国家管理的"全球公域"（Global Commons）。第四，网络空间具有延展性，随着技术的发展持续演进，目前网络空间的内容和技

---

① 方滨兴、邹鹏、朱诗兵：《网络空间主权研究》，《中国工程科学》，2016 年第 6 期，第 1—7 页。

② 杨剑：《数字边疆的权力与财富》，上海：上海人民出版社，2012 年版，第 14 页。

③ Daniel T. Kuehl, "*From Cyberspace to Cyberpower: Defining the Problem*," in Franklin D. Kramer, Stuart Starr, and Larry K. Wentz, eds., *Cyberpower and National Security*. Washington, D. C.: National Defense UP, 2009.

术还在不断发展。[①]

二、网络空间的社会属性

本书的研究重心是网络空间安全治理，因此在研究设计中自然会偏重于社会属性，有必要对网络空间的社会属性做进一步阐释。一些学者坚持认为网络空间“毫无疑问地是一个社会空间”[②]，强调网络空间中的人际关系。网络空间真正的意义是关联性，互联网技术只是基础，真正形成网络空间的是基于网络的人际交往。戴维·克拉克则更为直接地认为，“网络空间如果仅仅是计算机之间的互联，那就失去了意义，网络空间的意义在于利用计算机网络将人与人连接起来”[③]，从而形成了网络哲学、网络经济、网络文化等。恰如现实世界的复杂性，对网络空间的社会属性进行过于精准的解释也同样具有解读难度。

网络空间虽然是技术发展到一定阶段的产物，但即便是单纯的技术，也不能用单纯的技术逻辑来解释其发展，因为技术的主要功能是为人类提供服务，是人类创造了技术，而不是技术创造了人类。人类不仅可以创造技术，还能够决定技术的发展方向、发展路径，“技术并不能决定社会的最终形态，它只是对社会发展实现了具体化；社会也不能决定技术发明，但社会可以利用技术”。[④] 就网络信息技术而言，其对社会的影响并非单向的，而是技术与社会、文化、政治和经济等不同层面之间相互

---

① P. W. Singer, Allan Friedm, *Cybersecurity and Cyberwar: What Everyone Needs to Know*, Oxford University Press, 2014, p. 44.

② Stone, Allucquere. (2001). Will the real body please stand up?: boundary stories about virtual cultures. In M. Benedikt 1991: Cyberspace: First steps, Cambridge, MA, Addison - Wesley, p. 85.

③ Choucri, N., & Clark, D. D, Who controls cyberspace? *Bulletin of the Atomic Scientists*, https://doi.org/10.1177/0096340213501370, 2013 (5), pp. 21 - 31.

④ ［美］曼纽尔·卡斯特著，夏铸九、王志弘等译：《网络社会的崛起》，北京：社会科学文献出版社，2001 年版，第 6 页，注释 1。

作用，并对我们生活的场景进行了重新塑造。[①] 通过这种多层次、多维度的互动与演进，人类社会传统的知识、生产力和政治运行范式实现了变革。[②]

在这样一个互动和演进过程中，网络空间的不同层级被赋予了更为丰富的内涵。信息网络构建了全面互联的世界、改变了地理空间和地缘政治格局，进一步改变了人与人之间、国家与国家之间的关系[③]，甚至在微观上改变了生产力、生产关系以及建立在此基础之上的社会、经济和政治结构。对于网络空间中的政府、私营部门和市民社会等行为体而言，必须在这种网络信息社会中重新确立自己的位置，从而构成了新的权力关系。这种权力关系反映在军民协同上，就是国家军政部门之间以及军政部门与企业之间的关系协调。

网络空间的技术与社会双重属性不是相互孤立的存在，不过是视角不同而已，这两种视角的结合才完整地形成了对网络空间相对全面的理解。如果单纯从技术维度上定义网络空间，仅从客体的信息化发展来探究网络空间的本质特征，结果就会将网络空间视为数据和信息的运行平台，或者是数字化数据的容器，而对现实网络空间对社会的能动作用无视。单纯的社会属性视角会陷入形而上学的空想，使网络空间沦入虚幻的境地。因此，必须结合技术来谈论网络空间的社会属性，这一点符合马克思主义社会实践论的基本观点，反映了人们对网络认识的深化和递进。

三、网络空间安全的界定

经济合作与发展组织（OECD）2002 年曾经通过了关于信息系统和网络安全的指南文件。从那以后，各个国家也开始通过制定国家战略、

---

① ［美］曼纽尔·卡斯特著，夏铸九、王志弘等译：《认同的力量》，北京：社会科学文献出版社，2003 年版，第 569 页。

② 同上书，第 570 页。

③ ［美］克里斯提娜·格尼亚科：《计算机革命与全球伦理学》，载［美］特雷尔·拜纳姆、西蒙·罗杰森主编，李伦等译：《计算机伦理与专业责任》，北京：北京大学出版社，2010 年版，第 320 页。

完善法律制度等，加强对网络空间的开发利用、提升治理水平、强化应对威胁的能力，“网络安全”和“网络空间安全”开始逐渐成为新的研究热点。不同的行为体因为身份不同，往往按照自己的价值观（国家安全、军事战争、技术和经济等视角）形成了对网络空间安全的多样化理解。有学者尝试对这些概念进行整合形成一个综合概念，这种努力或者回避了不同行为体价值取向的冲突，或者形成一个边界模糊无法把握的泛化概念，不利于具体研究讨论和政策制定。

如前所述，网络空间的概念一直存在争议，网络空间安全与安全政治的关系更是学术争论的一个热点问题。第一，网络空间安全与计算机安全密切相关。第二，国际网络空间的安全概念很难达成一致，国家间存在分歧。[①] 第三，网络空间是动态变化的，无论是技术层面还是政府治理层面，其内涵都在不断发生变化。现在许多国家都将网络空间安全视为国家安全的一个巨大挑战。第四，经济、社会和政治越来越呈现数字化趋势，网络安全问题已经从单纯技术层面扩展到政策层面，网络空间与非网络问题交织在一起，成为一项重要的政治议题。[②] 简单的技术视角或静态的观察都不适合网络空间安全研究。但是，尽管存在这些争议，关于网络空间安全依然存在两点共识：一是网络空间的基础是网络信息技术，这种技术的应用对政治、经济和社会都产生了系统性影响。因此，研究网络空间安全不能脱离技术。二是网络空间安全不是单纯的技术问题，而是可以作为政治问题来讨论的，涉及国家及其政府机构等国家治理构成的角色界定、职责划分、法律和规则约束等，这是本书研究网络空间安全治理的前提。

因此，本书对网络空间安全的界定包含两个层次：一是网络空间作为一个独立运行的体系，自身在物理层面的安全稳定运行。二是网

---

① Giles, K., & Hagestad, W, “Divided by a common language: Cyber definitions in Chinese, Russian and English,” In K. Podins, J. Stinissen, & M. Maybaum (Eds.), *Proceedings of the 5th international conference on cyber conflict*, Tallinn: CCD COE Publications. 2013, pp. 1 – 17.

② Dunn Cavelty, M., & Egloff, F. J, “The politics of cybersecurity: Balancing different roles of the state,” St Antony's International Review, 2019, pp. 15, 37 – 57.

络空间作为社会运行体系的有机构成，不会因自身的脆弱性而影响国家安全。这种划分其实仅仅是学术的一种便利，目的是在研究中能够分清威胁的来源，为特定的网络空间安全设定一个研究的边界。[①] 因为网络空间与物理空间形成的“数字孪生”已经很难让两种“安全”进行严格区分了。国家在网络空间中的角色也是不同的，包括建设者、安全保护者、立法和监管者、威胁者（包括对国内的威胁和国际的威胁）等。因此，网络空间安全可以通过有关国家、经济、社会等行为者的责任边界和相互关系来进行定义。这样，“权力”就成为了网络空间中一个不可回避的问题，包括资源的控制、信息的共享和影响力的生成等。

第二节　网络空间安全治理的界定

一、网络空间安全治理的概念

网络空间一旦成为社会活动领域，就必然带来治理需要。所谓网络空间治理，包括构建网络空间和维护网络空间两个方面。本书对网络空间安全治理的理解是基于政治学，主要包括国际层面和国家层面的网络空间安全治理，旨在维持网络空间的相对稳定和活力，形成基于网络互动的制度、运行机制，最大程度地减少网络破坏。国际关系学科主要关注国家间的合作和冲突模式，以及这些模式如何影响国际体系中权力分配和权力内涵的变化，这方面的努力包括《塔林手册》《网络犯罪公约》等。但本书的重点是对美国国内网络空间治理的讨论。随着网络空间安全问题在国家安全议题中变得越来越重要，专家和决策者开始认真看待网络信息技术形成的一种新的权力形式，这种权力来源从深层次上影响

---

① Hagmann, J., Hegemann, H., & Neal, A. W, *The politicisation of security: Controversy, mobilisation. Arena Shifting. European Review of International Studies*, doi: 10.3224/eris.v5i3.01, 2019, pp. 5, 3-29.

体系中现有的权力分配。对于网络空间安全治理而言，最主要的治理挑战是权力和责任的分割，包括技术性安全问题。但本书的重点是讨论非技术性安全治理问题，主要指“为构建网络空间、利用网络空间和维护网络空间安全，政治、经济、文化等因素渗透到网络空间，在网络空间产生的复杂交错的问题，包括其衍生的规则、法律、秩序等问题”。美国一直积极努力完善国家网络空间安全治理能力，如将网络空间视为军事作战领域、采用新的国防作战概念、加强与美国其他政府机构和私营部门合作、与盟国和合作伙伴建立关系以加强集体网络安全，以及利用国家的劳动力进行技术创新等。

二、网络空间安全化基本历程

（一）网络空间安全成为国家安全议题

“安全”一直是国际政治研究的一个核心问题。但长期以来，安全的概念较模糊[①]，“安全”一词的英语对应词是“security”。对于国家而言，安全可以从两个方面来理解：一是强调安全的状态，即国家没有危险，人民不会感到恐惧；二是强调安全的能力，即国家具有抵御外来威胁的手段，能够在遇到威胁时倚仗可信的安全措施和安全机构。著名的国家安全学者巴里·布赞（Barry Buzan）把安全目标界定为没有外部威胁，国家具备维护“国家和领土完整，反对敌对势力”的能力，底线是生存[②]，是国家的核心利益。

自从工业革命以来，“安全”问题总是与新技术联系在一起，“凡是

① Arnold Wolfers, “National Security as an Ambiguious Symbol,” *Political Science Quarterly*, 1952, p. 67. 转引自倪世雄：《当代西方国际关系理论》，上海：复旦大学出版社，2005 年版，第 434 页。

② Barry Buzan, “New Pattern of Global Security in the 21st Century,” *Willam Olson* (*sd.*), *The Theory and Practice of International Relations*, 1994 edition, p. 207. 转引自倪世雄：《当代西方国际关系理论》，上海：复旦大学出版社，2005 年版，第 434 页。

技术和工业有所突破的领域，都是同重整军备有关”[①]，比如地缘政治理论、海权论、空权论、核均势和核威慑等理论，都与工业时代的科技进步密切相关。互联网自诞生之日起就与军事安全有着不可分割的关系。冷战期间，安全的威胁主要是“核技术”威慑态势下对美苏争霸引发战争的恐惧，互联网在这种军事斗争的高压下诞生，主要为解决军事需要。但是在互联网技术成熟之际，国际局势出现了转机，军事竞争让位于经济竞争，这给互联网技术的“军转民”提供了千载难逢的机会。冷战以后，和平与发展成为时代主题并一直延续至今，非传统安全的地位明显上升，安全内容从以军事安全为核心发展到军事、政治、经济和文化等多要素的综合。基于互联网技术的应用一再出现突破，颠覆了传统社会运行方式，甚至影响国际体系的安全态势。基于这种变化，形成了“新安全观”。[②] 与传统安全观相比，“新安全观”体现了主体、要素、手段和边界的改变，网络空间安全不仅作为新安全观的主要研究对象，而且也是新安全观力图解决的现实问题。

（二）网络空间的安全化发展进程

网络空间安全大致经历了计算机安全、信息安全到网络空间安全三个阶段。尽管20世纪80年代中后期就已经出现了网络黑客攻击，1983年美国《新闻周刊》发表一篇文章《警惕游戏中的黑客》[③]，是较早引入计算机网络攻击的文章。20世纪90年代末越来越多的学者开始从信息革命和国家安全视角来研究网络空间问题，网络安全化也日渐成为研究的焦点问题，安全理论逐渐被应用于网络安全政治问题。[④] 但直到21世

---

① ［德］弗朗茨·约瑟夫·施特劳斯：《挑战与应战》，上海：上海人民出版社，1976年版。

② 王杨：《试论新安全观下的网络信息安全管理》，《网络安全技术与应用》，2018年第8期，第15—16页。

③ Leslie Stanfield, “Predicting Cyber Attacks: A Study Of The Successes And Failures Of The Intelligence Community,” https://smallwarsjournal.com/jrnl/art/predicting-cyber-attacks-a-study-of-the-successes-and-failures-of-the-intelligence-communit.（上网时间：2016年7月7日）

④ Dunn Cavelty M, *Cyber-security and threat politics: US efforts to secure the information age*, London: Routledge, 2008.

纪初，网络空间安全才在美国上升为国家安全的议题。“9·11”事件以后，网络空间安全才进入国家治理层面，实现了安全化。

所谓“安全化”，是指某种事实、某个人或某种进程对某个政治集体的军事、政治、经济、生态或社会安全构成了威胁，这个政治集体也意识到了这种威胁的存在。[①] 与此同时，受到威胁的一方认为有必要采取相应的措施对这种威胁形成反击，包括非和平手段。美国前参联会主席邓普西（Martin Edward Dempsey）承认，网络安全“已从中等关注的问题升级为对国家安全的最严重威胁之一”。[②] 那么接下来的问题就是安全的客体，威胁源自某些个人、机构或国家，对应的也应该是国家、政府和个人需要做出反应。哥本哈根学派的研究侧重于通过国家元首、高级官员或国际机构负责人的官方声明[③]来理解国际关系，因此本书在研究过程中比较重视美国国家安全战略、军民相关部门出台的政策和法定职能。

网络空间安全上升到了国家安全的层面，成为国家安全利益体系中一个相对独立运行的子体系，甚至成为了当前国家安全的最严重的挑战。[④] 为此，维护网络空间自身的安全稳定、防止敌对势力利用网络空间危及本国安全就成为网络空间安全必须要考虑的问题。比如维护海洋空间的光纤电缆、存在于陆地空间的主服务器都属于维护网络空间自身安全，这些要素一旦受到影响，进而会影响国家层面的安全，因为网络空间目前已成为整个国家体系得以运行的神经系统。[⑤]

---

① Buzan, B. , Waever O. , & De Wilde J, *Security: A new framework for analysis*, Boulder, CO: Lynne Rienner, 1998.

② Nye, J. S, “From bombs to bytes: Can our nuclear history inform our cyber future?,” *Bulletin of the Atomic Scientists*, https://doi.org/10.1177/0096340213501338.（上网时间：2018 年 12 月 5 日）

③ Hansen, L, *Security as practice: Discourse analysis and the bosnian war*, London: Routledge, 2006, p. 64.

④ Air Force Space Command, *The United States Air Force Blue print for Cyberspace*, November 2, 2009, p. 2.

⑤ 刘静波：《21 世纪初中国国家安全战略》，北京：时事出版社，2006 年版，第 4 页。

（三）网络空间安全的多重影响因子

网络空间安全治理既包括技术性问题，又包括非技术性问题。技术性安全问题较为直接，也就是作为网络空间基础的网络信息体系保持，能够应对外部威胁、干扰和破坏，也包括保障信息的保密性、可用性和完整性等基本安全属性。[①] 非技术性安全问题主要是指政治、经济、文化等因素渗透到网络空间，在网络空间产生的复杂交错的问题，包括其衍生的规则、法律、秩序等问题。

首先，网络空间技术会越来越复杂。网络空间自身技术和应用都会越来越复杂，随着“后摩尔时代”的到来，原有的网络信息体系发生了体系性变革。网络技术应用复杂多样，在被称为“第四次工业革命”的背景下，社交网络技术体系的复杂性将会增加，这是因为支持各种社会政治制度的技术过程的普遍数字化和自动化。随着这些技术体系变得与社会和经济更多方面更紧密地耦合和集成，网络安全问题将不可避免地扩大到国家和国际一级的更多政策领域。

其次，网络空间的包容性越来也强，增加了网络空间安全治理的难度。网络空间与天基技术、量子计算和人工智能领域的新兴技术相互关联。作为一种在生活的各个领域都有不同应用的使能技术，人工智能将把网络空间与更多的政策领域联系起来。人工智能将成为网络安全的一个基本要素，并将对网络行动的速度、规模、持续时间、自主性和复杂性产生深远的影响，包括进攻和防御。这些新技术将主要由全球技术公司和私营部门开发。因此，国家行为者可能会变得更加依赖技术公司和独立的技术专家，进一步改变公共和私人行为者之间的关系。这些技术发展的速度和范围存在相当大的不确定性，这一事实为测绘、评估、建模和预测新技术可能性的研究创造了新的需求。作为社会科学家，我们需要了解将影响国家和国际一级政治和社会合作与冲突模式的日益突出

---

① 惠志斌：《全球网络空间信息安全战略研究》，北京：世界图书出版公司，2015 年版，第 50 页。

的政治和社会方面。

最后，网络空间与政治互动更为频繁。可以预期，政治和军事行动者将试图更好地理解低于武装冲突水平的网络行动的（有限的）战略效用，以便在克制和利用之间进行权衡。在这种背景下，一个关键的挑战是如何最好地管理数字时代国家情报部门的转型以及它们对私营情报公司日益增长的依赖。另一个关键的挑战是通过人工智能技术和社交媒体平台传播更有针对性和更有效的信息操作和宣传。这些政治发展提出了需要跨学科的重要研究问题。

三、网络空间改变了权力内涵

（一）网络空间中权力内涵的变化

网络空间的主要治理挑战是权力和责任的分割。传统上权力的内容一般都与军事和经济相关。“武力、财富和知识是权力的最终杠杆”[①]，但是，技术变革带来了权力杠杆的历史性转移[②]，“信息即知识、知识即权力”[③] 越来越得到广泛认可。网络空间依赖知识，知识和信息构成了综合实力（权力）的最重要来源。网络空间成为产生知识、使用知识的重要场所。后现代理论家利奥塔的观点则更为直接：“在信息时代，对知识的掌控问题是与国家统治相关的问题。”[④]

不同的主体对权力概念的理解是不同的。政治学者一般接受这种解释：权力就是迫使别人做不愿意做的事情的“能力”。在现代社会，这种能力更多源于科学技术，科学技术进步深刻影响着人类历史的运转和变迁。哈贝马斯则从权力的角度来解释科技进步：“科学技术的合理性本

① ［美］阿尔温·托夫勒：《权力变移》，周敦仁译，成都：四川人民出版社，1991 年版，第 12 页。

② 同上书，第 361—364 页。

③ John Arquilla, David Ronfeldt, “Cyberwar is Coming!” *Comparative Strategy*, Vol. 12, No. 2, Spring 1993, pp. 141 – 165.

④ ［法］让—弗朗索瓦·利奥塔：《后现代状况：关于知识的报告》，长沙：湖南美术出版社，1996 年版，第 47 页。

身就是控制的合理性，即统治的合理性。”[①] 人类历史划分的每一个时代都有一种占据主导地位的技术体系[②]，如蒸汽时代、电器时代和信息时代，权力关系的变化都与技术相关。网络信息技术本身属于知识的一部分，其对社会政治生活的影响符合权力的逻辑。

马克·斯劳卡认为：“数字革命在它的深层核心，是与权力相关的。”[③] 网络空间对于国家权力的影响，最为直接的是通过信息技术改变了权力的内容和分配方式，进一步导致信息的生产、传播和处理成本大幅度下降效率却极大提升，即“网络极大化、节点极小化”的发展趋势。[④]

沿着“知识就是权力、网络空间是知识的重要场所”的逻辑推论，自然过渡到网络空间权力的归属问题。在网络空间的语境下，政治的存在方式和运行方式也发生了变化，“政治被根本地形塑，在其内涵、组织、过程与领导权上，都发生了根本性变革”[⑤]，权力结构由控制型向分权型、扁平化发展，权力决策结构由垂直式向交互式发展。[⑥] 因为权力关系变革，网络空间安全中军民主体关系进一步平等，同时还出现了相互之间的权力划分问题。与现实社会一样，网络空间体系内部同样存在着各种权力关系，这些关系在很大程度上是利益分配和目标调和的过程。正是由于权力关系发生了这样的转变，在国家安全治理的体系架构中原本是平行的军民两个主体，在维护国家安全的共同目标指引下，有了沟通交流的动力。

---

① 陈学明、吴松、远东著：《通向理解之路——哈贝马斯论交往》，昆明：云南人民出版社，1998 年版，第 57 页。

② Herrera Lucas Geoffrey, *Technology and International Transformation: The Railroad, the Atom Bomb, and the Politics of Technological Change*, Albany: State University of New York Press, 2006, pp. 3 – 8.

③ ［美］马克·斯劳卡著，黄锫坚译：《大冲突，赛博空间和高科技对现实的威胁》，南昌：江西教育出版社，1999 年版，第 152 页。

④ 吴曼青：《网络极大化、节点极小化》，《企业研究》，2017 年第 9 期，第 1 页。

⑤ ［美］曼纽尔·卡斯特著，夏铸九、王志弘等译：《认同的力量》，北京：社会科学文献出版社，2003 年版，第 366 页。

⑥ 刘文富：《国外学者对网络政治的研究》，《政治学研究》，2001 年第 2 期，第 68—76 页。

（二）网络空间中权力应用的变化

对利益的研究主要基于网络技术与政治的关系，从利益的角度探讨"谁得到什么、何时得到、如何得到"的问题，包括宏观层面的网络对政治的影响和微观层面的网络空间中的具体政治问题。托夫勒对此有非常准确的认知："计算机网络对现有政治运行体系的冲击是巨大的，尽管国家因为占有更多网络资源增加了权力，但是同样，个人和非政府组织也因为通过非集中、小型化的计算机网络掌握了更多权力。"[①] 这种权力甚至在某种情况下可以和政府权力形成制衡。

网络空间权力分配和利益形成并不是自然发生的，互动是网络空间各主体施展权力的重要手段和方式。连接虚拟世界和现实世界的桥梁和中介是网络行为。网络空间能成为一种施展权力的场所，最为核心的要素不是技术、资金，而是作为行为主体的人，是人的利益诉求最终构建了网络空间的最终形态。网络中的所有行为都是与权力和利益相关的，马克斯·韦伯认为，如果某种行为上升为活动的话，个体必须把它赋予某种主观意义。并且，这种活动是根据个体确立的意义，依靠他人行为形成的。[②] 按照这个逻辑推理，网络空间中不同行为体之间要形成互动，必须要存在一个意义，即共同或不同的利益目标。正如本书反复强调的，网络空间军民主体间能够互动，核心在于存在国家安全这样一个核心的利益目标。

（三）维护网络空间安全的军民协同

根据帕森斯的社会行动理论[③]，网络空间军民主体间的互动逻辑可以概括为以下几个方面：（1）维护国家安全的共同目标。（2）现有网络空间基础资源在军民间统筹协调，包括情报共享、资源统筹等。（3）按

---

① ［美］A. 托夫勒：《预测与前提》，载《托夫勒著作选》，沈阳：辽宁科学技术出版社，1984 年版，第 319—320 页。

② ［法］让-马克·夸克著：《合法性与政治》，佟心平、王远飞译，北京：中央编译出版社，2002 年版，第 213—214 页。

③ 黄华新、徐慈华：《符号学视野中的网络互动》，《自然辩证法研究》，2003 年第 1 期，第 50—54、65 页。

照国家安全的目标在主体间形成规范性调节的机制。在网络空间安全治理中，主体间互动对网络空间安全结果具有重大影响。网络空间主体间互动的结构因素包括主体、客体、中介和规范。网络空间互动主体是指网络交往行为的发出者，包括网络个体和网络群体，本书中涉及的互动主体是军民两个子体系。网络互动的客体是指主体行为的受动者，包括他人和作为审视对象的自我，即军民两个主体的相互视角。网络互动的中介是军民主体间互动交流的机制。网络交往的规范是指为保证交往的顺利进行，主体需要借助行为规范，包括技术规范和道德规范，即本书研究的网络空间法律和规则等。网络空间涉及多种主体，而网络空间安全具有全面性的特点，这就需要对军民两个主体关系有较为清晰的认知，从而更为准确地把握网络空间安全的状态和发展方向。

第三节　网络空间军民协同的概念

在我国军民融合研究中，常常将美国视为一种成功案例，主要研究对象是美国国防工业基础能力，有学者将美国国防科技工业的特点总结为“军民一体化”[1]，这是军民协同在产业技术层面达到的一种理想状态。但对于国家安全治理而言，美国网络空间安全治理表现为一种相对独立主体间为了国家安全而协同的努力。因此，本书提出了美国网络空间安全治理的“军民协同”理念，来分析不同主体为了国家安全目标而形成的相互关系。

一、军民协同的基本概念

德国著名学者赫尔曼·哈肯（Hermann Haken）在研究客观体系发展

---

① 赵澄谋、姬鹏宏、刘洁、张慧军、王延飞：《世界典型国家推进军民融合的主要做法分析》，《科学学与科学技术管理》，2005 年第 10 期，第 26—31 页。

演化过程中，针对体系和子体系的运动规律提出了“协同”理论（synergy）。[①] 他认为，通过子体系的相互协作，可以产生单个子体系所不具备的效果和协同效应，从而影响到整个体系的能力。协同思想用于处理复杂体系的相关问题，被广泛运用于政府、企业、公司等组织中。协同理论强调的是体系中通过主体间协调，使原有体系重新进行自组织，从而达到人员、资金和物品等协同配合，最终达到资源优化配置和多元主体共赢的目的。这一点与本书第三章讨论的体系论观点是一致的。近年来，随着我国军民融合研究的推进，一些学者开始用协同理论来解释军民融合问题，特别对军民融合体系中的多元主体关系，颇具解释力。[②] 为了更好地理解本书的“军民协同”主题，有必要对“军民融合”“军民一体化”和“军民协同”三个相关概念进行简要分析。

（一）军民融合的概念解析

军民融合是一个具有中国特色的发展理念，目前已经升级到国家战略层面。目前有关军民融合的研究，政策性解释较多，学理性探讨还比较薄弱。政策层面研究包括军民协调机制、法规、标准通用性研究，而更多的是军民技术上的融合、国防采办融合、产业分工融合等。实际上，军民融合更为宏大的战略目标还包括军民相关部门的资源统合、力量整合和政策集成，部门之间的协同衔接是融合的关键。作为一项战略性、综合性和复杂性的体系工程，强行做出统一的定义确实存在一定困难，综合国家领导人的重要讲话和国家相关政策，可以做出一个基本判断：军民融合是指整个国家国防和武装力量建设与国家经济社会发展统一筹划、协调推进、互为支撑[③]，最终实现一体化的战略体系和能力。

X（战略体系和能力）$=A$（国防建设）$+B$（国民经济发展）

---

① Hermann Haken, *Synergetics: An introduction*, Berlin: Springer – Verlag, 1977.

② 杨志坚：《协同视角下的军民融合路径研究》，《科技进步与对策》，2013 年第 4 期，第 105—108 页。

③ 肖凤城：《军民融合的概念和原则》，http://m.cssn.cn/zx/zx_bwyc/201908/t20190808_4952804.htm?ivk_sa=1023197a.（上网时间：2019 年 8 月 8 日）

（二）军民一体化概念解析

军民一体化概念主要是指美国国防工业基础等国防承包商的管理运营模式，这一概念在20世纪90年代初期由美国政府推动的国防工业体制变革中得到明确。1993年美国《国防授权法案》明确提出要对军用和民用工业基础进行一体化规划设计。[①] 美国国会技术评估局1994年发布了《军民一体化的潜力评估》，阐述了“军民一体化”的概念：军民一体化是国防技术和工业基础（DTIB）和国家更广泛的商业技术和工业基础（CTIB）充分融合组成一体化的国家技术和工业基地（NTIB）的过程，从而实现技术、人力、设备、材料和设施同时满足国防和商业需求。[②] 1996年，克林顿政府国家科学技术委员会发布了《技术：为了国家利益》的分析报告，提出联邦政府要大力推进“军民一体化”国防工业基础[③]的进程。随着改革的深入，美国的国防工业企业（大型军工承包商）基本实现了军民一体化发展，在内部基本能够实现军民共线生产、技术相互转化，从而确立既能实现在行业中的竞争优势，又可以满足国家安全需要和商业竞争需求。

X（企业竞争力）$=A$（技术）$\times B$（军事需要）$+A$（技术）$\times C$（商业需要）

（三）军民协同概念解析

“军民协同”是从国家安全治理提出的一个概念，研究的重点是主体间关系协调，这是本书的着力点。因此将网络空间的军民协同界定为：

---

① Congress, “National Defense Authorization Act for Fiscal Year 1993,” https://www.congress.gov/bill/102nd-congress/house-bill/5006/text.（上网时间：2015年10月11日）

② Office Technology Assessment, Assessing the Potential for Civil-Military Integration: Selected Case Studies, https://www.princeton.edu/~ota/disk1/1995/9505/9505.PDF.（上网时间：2018年5月5日）

③ Meares, Carol Ann; Sargent, John F., Jr., *Technology in the National Interest*, National Science and Technology Council, http://www.technology.gov/Reports/TechNI/TNI.pdf.（上网时间：2019年5月3日）

为了实现国家网络空间安全的共同目标，军民业务机构按照相关的政策规则和程序，相互沟通交流和信息共享，从而促进要素重新组织，形成新的空间有序结构的过程。主体之间能够协同的核心参量是国家安全需求。所谓网络空间安全治理的军民协同主要是指在网络空间安全治理中，网络空间军民主体力量整合后形成国家战略能力体系的过程。网络空间安全治理的军民协同是体系论和协同理论在网络空间安全治理中的具体应用，蕴含了体系中多个要素单元为了实现合作共赢和利益合理分配的目的，而开展沟通协调合作，体现的是不同主体基于共同目标而对各自利益进行协调的过程。

X（国家利益）=［A（军事组织）+B（民事组织）］×C（安全目标）

因此，本书认为，军民融合和军民一体化都是一种现实的或预期的发展状态，不过军民融合主要是我国针对国家经济发展和国防建设的统筹协调提出的一个概念，核心在“融”。军民一体化是企业层面的一种发展状态，强调的是军民产业发展和技术层面的概念。军民协同强调的是一种手段或发展路径，研究的重点是不同主体间关系协调问题。本书研究的是网络空间安全治理中的军民主体关系。

二、军民协同的基本逻辑

（一）国家安全视角是网络空间军民协同研究的前提

技术进步总会对国家安全带来深层次的影响，“一旦技术上的进步可以用于军事目的并且已经用于军事目的，它们便立刻几乎强制地，而且往往是违反指挥官的意志而引起作战方式上的改变甚至变革”。[①] 在网络信息时代，“国际竞争的核心依然是以权力政治为核心特征的安全竞争”。[②] 互联网命名与数字地址分配机构（ICANN）前主管罗德·贝克斯

① 《马克思恩格斯全集》（第20卷），北京：人民出版社，1956年版，第187页。

② ［英］赫德利·布尔：《无政府社会：世界政治中的秩序研究》，张小明译，上海：上海人民出版社，2015年版。

特伦（Rod Beckstrom）认为："网络空间权力竞争的根源是国际社会的无政府状态和网络空间互联互通，只要连接到网络，攻击就在所难免。"①网络空间发展之初就蕴含军事的基因②，但在其发展过程中不断从外部吸取能量，并在商业驱动下实现了繁荣发展，并对国家安全影响不断加大，"未来的恐怖主义分子使用键盘造成的破坏将远甚于炸弹"③，"信息技术对整个战斗力组织方式都会产生革命性影响，进而带来战斗力生成模式的变化"。④ 而网络空间自身对军民界限的模糊，要求军民主体不可能"独善其身"，因此"军民协同成为网络空间安全治理的重要举措"。⑤

网络信息技术发端于军事需求，繁荣于军民协同。越来越多的军事战略家开始思考网络信息技术在战争中的应用问题。⑥ 2007 年发生在俄罗斯与爱沙尼亚之间的网络冲突、2014 年索尼影视公司遭遇网络攻击、2017 年蔓延全球的"勒索病毒"，都是国家主导下的网络冲突。2011 年，美国国防部正式将网络空间作为所谓的"第五战争领域"，仅次于陆地、海洋、空中和太空。网络空间军事化是一个长期以来充满争议的话题，从早期开始这种特殊的争论就提到网络信息技术的双刃剑特点：作为辅助性技术"信息优势"增加了赢得战争的巨大机会，但由于对计算机依赖的增加，同时与网络空间相关的安全漏洞会越来越多。⑦ 互联性与脆弱性紧密相连。作为现代社会支柱的"关键基础设施"越来越依赖网络信息技术，数字技术的政治重要性反映了人们越来越认识到信息基础设施对经济、政府、军队和整个社会的运作至关重要；但这也成为

---

① Anja Kaspersen, "Cyberspace: the new frontier in warfare," https://www.weforum.org/agenda/2015/09/cyberspace-the-new-frontier-in-warfare/.（上网时间：2015 年 9 月 24 日）

② 刘戟锋：《军事技术论》，北京：解放军出版社，2014 年版。

③ National Academy of Sciences, *Computers at risk: Safe computing in the information age*, National Academy Press, 1991.

④ John Arquilla, David Ronfeldt, "Cyberwar is Coming!," *Comparative Strategy*, Vol. 12, No. 2, Spring 1993, pp. 141 – 165.

⑤ 耿贵宁：《军民融合网络安全体系研究》，http://www.sohu.com/a/115574179_465915.（上网时间：2016 年 3 月 12 日）

⑥ Berkowitz, B. D, *The new face of war: How war will be fought in the 21st century*, New York: NY Free Press, 2003.

⑦ Rattray, G, *Strategic warfare in cyberspace.* Cambridge, MA: The MIT Press, 2001.

整个社会运行的巨大风险面，一旦发生网络安全事件，整个社会不分军民，都成为冲突的“战场”。

（二）网络空间安全威胁扩散是军民协同的外在要求

对网络空间安全威胁的认知，按照对抗的烈度可理解为一种阶梯式逐步升级的过程，从弱到强包括一般犯罪、情报窃取、恐怖主义和国家间网络战几个层次。① 实际上这只是一种学术上的划分，在现实中也很难对这些威胁进行清晰区别。在网络空间中战争与非战争状态的界限并不清晰，这也反映了网络空间威胁的军民高度关联性。在网络空间中，一切都成了安全攻击的对象，这不仅包括军事基地的通信体系，而且还包括各种基础设施、能源、电网、卫生体系、交通控制体系或供水体系以及通信和传感器等。② 一个国家对具有重要战略意义的网络空间的保护任务，由于其大部分由私有部门拥有和控制而变得更加复杂。

由于网络空间的互联互通特性，一旦发生网络冲突，通过受攻击目标来区分攻击行为属于犯罪还是战争等，还是比较困难的。在已经发生的许多网络攻击和安全事件中，网络攻击者往往采取无差别打击的方法，而不是传统军事打击那样会区分军事和民事目标，避免连带损伤。例如，最早出现的网络攻击“莫里斯蠕虫”，就采用了“分布式拒绝服务”（DDOS）的方式，这是一种无差别攻击“武器”，这种网络病毒不仅感染了美国许多高校和实验室，还对美军非保密体系造成了冲击③，受感染计算机高达6000台。

（三）网络空间安全能力分布对军民协同提出了必然要求

网络信息时代对国家安全内涵的改变，要求采用军民协同方式来应

---

① Cornish, P., Hughes, R. Livingstone, D, *Cyberspace and the National Security of the United Kingdom: Threats and Responses*, London: Chatham House Report, 2009.

② Anja Kaspersen, “Cyberspace: the new frontier in warfare,” https://www.weforum.org/agenda/2015/09/cyberspace-the-new-frontier-in-warfare/.（上网时间：2015年9月24日）

③ Jason Healey, K. Grindal (eds.), A Fierce Domain: Conflict in Cyberspace, 1986 to 2012, Cyber Conflict Studies Association, 2013.

对网络空间的威胁，维护国家总体安全。通过军和民两个体系之间的协同，实现资源整合、能力重塑，实现网络空间安全协同建设、协同治理、协同防御。网络空间安全是国家间技术和智慧的较量，最为核心的是人才和核心技术，涵盖了网络空间安全、人工智能、通信、计算机、微电子等军民通用技术领域。与传统武器和核武器不同，网络空间的军民界限并非壁垒分明，尽管有专门的军事网络，但在网络空间中比重很低，而且90%以上的军事电话和网络沟通都依赖民事网络。[①] 这就要求必须从军民协同的角度来维护网络空间安全。美国通过战略层面的军民协同，构建了总统领导下，国防部、国土安全部等军民部门协同配合的网络空间安全体系，实现了军队主导、政府及企业通力配合，形成了军民一体化的网络空间产业体系。如美国的大型军工企业都设有网络研发部门，同时为军和民提供产品，国防部高级研究计划局（DARPA）的“X 计划”就委托洛克希德·马丁公司等企业联合研发，并与斯普林特等美国顶级骨干网运营商，以及微软、谷歌和脸谱等国际互联网服务供应商实现了无缝对接。[②]

---

① Joseph S. Nye, Jr, “From bombs to bytes: Can our nuclear history inform our cyber future?,” https://thebulletin.org/2013/09/from-bombs-to-bytes-can-our-nuclear-history-inform-our-cyber-future/.（上网时间：2013 年 9 月 1 日）

② 周鸿祎、张春雨：《积极推动军民融合网络安全深度发展》，《国防》，2018 年第 3 期，第 20—23 页。

第三章/“体系—过程”理论对网络空间安全治理的应用

美国学者斯弗莱认为，制定国家安全战略需要考虑三方面内容：“确定国家安全利益、认知国家安全面临的威胁、统筹国家战略性资源。”① 巴里·波森认为，战略是国家理论，是一种关于如何实现自身安全的国家理论，可以解释一个国家如何综合运用同盟关系、投资、军队部署等一系列手段来实现自己所追求的目标，广泛涉及经济、军事、政治、外交、地理以及人口统计等各种资源。② 理解网络空间安全治理体系，不是单纯的技术问题，而是需要从涉及国家利益的战略层面进行分析。因此，对网络空间安全治理的认知，采用现实主义理论的基本逻辑，从体系、过程（历史）和功能（政策）三个层面进行分析，刻画出相对完整的美国网络空间安全治理体系，特别是军民两个体系之间协同互动的全景图，具有一定的可行性。

第一节　网络空间安全治理的体系论分析

一、国家是网络空间权力运行体系的主体

（一）权力是网络空间安全的基本概念

从单纯技术层面上升为国家治理层面，就必须将国家作为网络空间

---

① Christopher Layne, “From Preponderance to Offshore Balancing: America’s Future Grand Strategy,” *International Security*, Vol. 22, No. 1 (Fall 1994), p. 101.

② Barry R Posen, Andrew L. Ross, “Competing visions for U. S. grand strategy,” *International Security*, 1997, p. 3.

安全治理的研究对象，因此不可避免地与权威和权力问题联系在一起。国家不是网络空间中唯一行为体，但在与网络空间安全相关的政治、技术可能性和科学三要素中，居于核心地位。[①] 按照传统现实主义的逻辑，国家安全的核心要素是以军事力量为特征的“权力”（power），实现国家安全的最可靠途径是增强军事实力。军事力量是国家安全的决定性因素，但强大军事力量的基础是经济，没有经济的可持续发展，国家安全也就无从谈起，甚至军事和经济比重失衡危及国家安全，苏联重军事轻经济的发展战略最终导致国家崩溃就是最好的例证。因此，国家安全能力的形成是体系性问题，不单纯是某一单项要素优势，同时与组织形式密切相关。在安全领域，最为显性的特征是一国的军事实力，但建立并支持强大军事实力的基础是一国经济、科技等非军事的生产体系；另外还包括国家的地理环境和自然资源禀赋等，这些才是国家安全的真正基础，军事只是显性特征或者是一种结果。但是，一国的安全实力，除了物质资源和科技实力等天然因素以外，政府的组织和动员能力至关重要，政府治理能力是决定一国经济和军事发展的重要参量。[②] 由此可见，网络空间安全能力不仅是技术优势，还包括组织优势。

（二）安全是军民协同研究的基本指向

网络空间安全从属于国家安全，是传统国家安全概念在网络空间的自然延伸。网络空间与传统的物理空间在追求“权力”的目标设定上没有区别，不过“权力”的内涵发生了改变。在网络信息时代，要充分保障国家安全，就需要从顶层设计到具体系统要素建立完善的网络空间安全保障体系，通过权力关系调节，实现增强国家调用国家力量应对网络威胁的能力。从深层逻辑关系上看，这种权力关系的调节实际上是利益

---

① Myriam Dunn Cavelty & Andreas Wenger, “Cyber security meets security politics: Complex technology, fragmented politics, and networked science,” *Contemporary Security Policy*, DOI: 10.1080/13523260.2019.1678855.（上网时间：2019 年 10 月 16 日）

② Terry Terriff, Stuart Croft, Lucy James, Patrick M. Morgan, *Security Studies Today*, Cambridge: Polity Press, 1999. pp. 63 – 64.

的重新分配。在特定社会环境中，所有的社会行为都表现为某种互动关系，权力是互动的内容，利益分配是权力互动的结果。随着网络空间与现实物理空间融合形成了一种新的权力场，多元主体在这个空间中实现利益诉求的权力表达，实现资源配置，最终维护网络空间的秩序，达到共同的安全目标。

（三）国家是网络空间安全治理的主体

国家作为维护国家安全的当然主体，本不应该成为一个需要讨论的问题。但对于网络空间安全治理而言，还是一个需要首先予以阐释的前提。由于网络信息技术在发展之初就存在“去中心化”和“去政治化”的哲学思想，国家参与到网络空间安全治理是一个渐进的过程。英国学者霍布斯（Thomas Hobbes）指出：“国家存在的核心职能是保护本国公民不会受到外来者的侵略，同时防止本国公民彼此间相互伤害。”[①] 如果国家政权无法维护国家安全，它就会失去了存在的合法性，无法承受外来压力，本国人民也会对其提出质疑。对于这种安全威胁是来自国外军事行为主体还是民事行为主体，在霍布斯看来并没有区别。因此，网络空间安全威胁也同样符合国家安全的基本特征。

从技术上看，网络空间的匿名性、去中心化思维本身就容易造成治理难题和安全风险，但是最近几年发生的几次重大网络空间安全事件，如被视为网络战开端的2008年俄罗斯与格鲁吉亚网络冲突、2010年针对伊朗的“震网”（Stuxnet）事件、2013年的“斯诺登事件”、2014年的“索尼事件”，以及发生在2016年美国大选中至今悬而未决的希拉里“邮件门”事件和特朗普“通俄门”疑团、2019年曝光的“剑桥分析”事件等，均反映出网络空间安全问题的“国家化”和“专业化”倾向[②]，

---

① 李少军：《国际体系中安全观的基本框架》，《国际经济评论》，2002年第2期，第41—44页。

② Ghazi - Tehrani, A. K, “Regulating Cyber Space: An Examination of U. S. - China Relations,” *UC Irvine*. ProQuest ID: GhaziTehrani_uci_0030D_13965. Merritt ID: ark: /13030/m5j43f6x. Retrieved from https: //escholarship. org/uc/item/9jb873k7, 2016.

国家在这种攻击中扮演的角色，国家秘密介入似乎成了新常态。[①] 这两种趋势表明，单一事件的网络冲突常态化，国家直接介入网络空间活动的技术和工具已经相当成熟，甚至已经出现了网络军备竞赛的倾向。[②] 尤其是在美国之后，许多国家也都相应建立了网络空间作战司令部来发展网络进攻能力。[③]

只有当国家开始将网络空间安全政治理解为其“大战略”的一部分时，这种政治行动才有可能，也就是说，如果他们在和平时期和战争时期部署国家的所有资源——经济、军事、外交、社会和信息——以确保国家、社会和经济的安全。大多数国家仍在努力将国家和国际网络空间安全政策和实践纳入更广泛的国家和国际安全政治框架。[④] 这包括从将网络空间安全视为技术问题转变为将它视为（安全）政治任务。对所有类型的政治体制来说，协调和整合所有现有的部门政策仍然是一项挑战，需要在纵向层面（国家、区域、地方）和横向层面（民事和军事）对网络空间安全治理进行协调、促进合作。本书的研究对象是作为国际体系行为主体的国家的网络空间安全，而不是具体企业和个人层面的网络空间安全，讨论的基础也是现实主义政治学理论，即权力定义利益。

二、“体系—过程”理论适用网络空间安全研究

（一）“体系—过程”理论概述

“历史唯物主义在进行政治分析时，强调社会政治生活构成一个有机的体系，这个体系是由政治活动、政治关系和政治形式的总和构成

---

① Georgieva, I, “The unexpected norm - setters: Intelligence agencies in cyberspace,” *Contemporary Security Policy*, doi: 10.1080/13523260.2019.1677389. 2020, pp.41, 33 - 54.

② Ibid..

③ Buchanan, B, *The cybersecurity dilemma: Hacking, trust, and fear between nations*, Oxford: Oxford University Press, 2016.

④ Weber, V, “Linking Cyber Strategy with Grand Strategy: The case of the United States,” *Journal of Cyber Policy*, doi: 10.1080/23738871.2018.1511741. 2018, pp. 3, 236 - 257.

的。”[①] 所谓体系（系统），是指部分按照某种规则形成的相互依存关系，同时界定了体系与外部环境之间的界限。第一，体系必须包括两个或两个以上的要素。第二，要素之间具有相互依存关系。按照现实主义的逻辑，这种联系就是权力关系。当某个组成要素发生改变时，其他所有的组成部分以及整个体系都会受到影响，这就是体系的整体性特征。第三，体系是有边界的。无论是生物体系还是社会体系，都必须有边界和其存在的社会环境，如国内环境和国际环境等。第四，体系是有层次的。体系的构成部分还可以独立形成子体系，从而让系统呈现出不同层次。[②]

体系论最初源于生物学。20 世纪 20—30 年代，生物学研究比较流行的研究方法是利用“机械论”和“活力论”来解释生命现象，生物学家贝特朗菲（L. Von. Bertalanffy）对此提出了质疑，创立了生物体系论，提出了“有机体”学说。20 世纪 40 年代，贝特朗菲将这种源自自然科学领域的体系思想进行了推广，创立了“通用体系论”。“通用体系论”不局限于自然科学，在其他学科的研究中也具有解释力，因此越来越多的研究者开始用这种新方法来观察世界和解释世界。贝特朗菲在 1968 年又出版了《通用体系论：基础、发展和应用》（*General System Theory*：*Foundations*，*Development*，*Applications*）一书。贝特朗菲在这本书中非常全面地阐述了体系论，提出体系“广泛存在于自然界、人类社会和人类思维中”。[③]

在此后，体系论在各个学科得到了广泛应用。体系论不仅能够全面反映事物的客观规律，同时在社会科学和自然科学研究的方法论上也有广泛应用。在我国，钱学森 20 世纪 50 年代回国后引入了体系工程理论，在各类工程实践中得到了广泛应用[④]，特别是在我国武器装备的研发中，钱学森的体系工程思想具有深远影响。我国学者也尝试应用体系论来解

---

① 王沪宁：《政治的逻辑》，上海：上海人民出版社，2016 年版，第 24 页。

② ［美］加布里埃尔 A. 阿尔蒙德、小 G 宾厄姆、鲍威尔著：《比较政治学：体系、过程和政策》，曹沛霖、郑世平、公婷等译，上海：上海译文出版社，1987 年版，第 5 页 .

③ 魏宏森：《体系科学方法论导论》，北京：人民出版社，1983 年版，第 71 页。

④ 钱学森：《钱学森体系科学思想文选》，北京：中国宇航出版社，2011 年版。

释社会科学的问题，但实际效果一直存在争议。因为相对于自然科学，社会科学研究的边界和环境都比较难以确定，社会除了个人，还有不同的组织，到底体系可以在何种程度上解释社会问题，一直存有争议。[①]随着社会治理的复杂程度加深，体系论在实际的社会科学研究当中应用的越来越多，成为政治学研究的重要范式，被许多学者用来解释社会治理问题。几乎与此同时，国际政治研究领域在20世纪50—60年代也经历了一个较长时期的方法论大辩论，受当时科学行为主义的影响，莫顿·卡普兰、戴维·伊斯顿等国际政治学者都在研究中接受了体系论学说。

（二）体系的基本特征

体系具有“整体性、联系性、独立性、结构性”等特征。

1. 整体性。体系论的第一个基本思想是整体论。在研究和看待事物时，首先观察事物的全貌，将事物看作一个有机整体，分析体系的结构和功能，然后在此基础上进一步去剖析体系整体、组成要素和外在环境三者的相互关系和发展变化规律。贝特朗菲在创立体系论之初就反复强调，体系不是部分之和，“整体大于部分之和”，他坚决反对那种认为要素性能好，整体性就一定好的思想。这一点在许多工程实践中都存在误区，特别是在许多武器装备体系设计过程中，往往过于强调部件的高、精、尖，以此来追求体系的绝对优势，这就是典型的对部分进行机械的堆砌就形成体系的机械体系论逻辑。同样在国家安全治理体系中，也存在单纯强调个体或部门职能的倾向。政治机构一旦设立，就具有自我繁殖能力，就具备自我利益，这时就会出现整体和部门之间的矛盾。正像人的手，当它作为身体的一部分时是劳动器官；但是，一旦将手从人体中剥离开来，它就不再属于劳动器官了。

2. 联系性。要素之间必须有联系，而不是“一麻袋土豆”。政治体

① ［美］P. 切克兰德，左小斯著：《体系论的思想与实践》，史然译，北京：华夏出版社，1990年版，第82—87页。

系是各种政治行为主体间联系形成的一种网络化关系。体系必须是两个以上的要素构成，单独的一个要素不能称之为体系。体系是动态变化的，受其他社会关系的影响，同时政治体系也可以影响其他社会关系。实际上，体系的最大功能是利用要素关系的协同，构成一个整体效果最优的目标。要素之间相互关联，构成了一个不可分割的整体，形成了个体简单相加所不能达到的优势。

3. 独立性。政治体系有自己的整体行为和功能。作为一个体系，它本身具有独立性和完整性，作为一个独立构成体与外部环境之间存在边界，并且具有不同于组成部分的特定属性、功能与价值，它在与其他体系相互交流时会表现出其自身的作为整体的特点。体系在时间与空间上都是有限的；体系的边界对于研究体系是非常严肃的。这一点对于我国当前的网信体系概念研究非常重要，否则就会陷入无所不包的窘境。

4. 结构性。政治体系由功能不同的政治要素构成。体系是一个有机整体，而不是简单的个体相加，即体系的要素构成都是整体的构成。体系的要素按照一定的规则和秩序有序排列和组织。

（三）体系论的运行原理

在理解了体系的基本概念之后，还需要对体系内部组成部分的运行逻辑进行深入分析，这是我们进一步研究网络空间安全治理军民协同的关键。构成体系的要素间如何通过建立关系而形成新的运行体系，形成整体性能力，这才是网络空间作为一个体系要达成治理目标的关键问题。网络空间安全治理军民协同的最终目标是构建国家网络空间安全体系，形成一体化安全能力。在这种关系的形成和设计中，实际上存在三个方面内容，构成体系能力的关键变量（参见图3—1）。

1. 有序原理。有序的关键是体系通过规则形成合力的结构。规则是整个体系能够有序运行的关键变量，否则体系中要素就会成为“乌合之众”，不仅不会起到整体效果，甚至会威胁到体系的目标效能。在形成军民协同治理能力的过程中，需要从战略到具体政策、制度的保障，从而在国家治理体系中有序发挥作用。

2. 沟通原理。所谓沟通原理是指体系和要素之间以及体系要素之间的信息沟通。任何国家的军民体系都会独立设置，这是社会化分工发展的必然要求。但是在维护国家安全的共同目标指引下，双方必须要建立合理的信息沟通机制。这也是本书研究的重点问题，即网络空间安全体系中的军民主体关系协调问题。

3. 结构性原理。任何体系都是有结构、有层次的，组成体系的各单元、因子、部分，即要素，按照一定的结构组织起来，形成某种外在的架构，这种结构是体系有序运行的保证。这种结果在国家安全治理中尤其重要，凸显了战略协同的关键。美国网络空间安全治理军民协同能够实现，关键一点是顶层上的战略协同，结构合理能够提升军民协同的效果，这就是一般国家治理中机构设置要研究的一个关键问题。

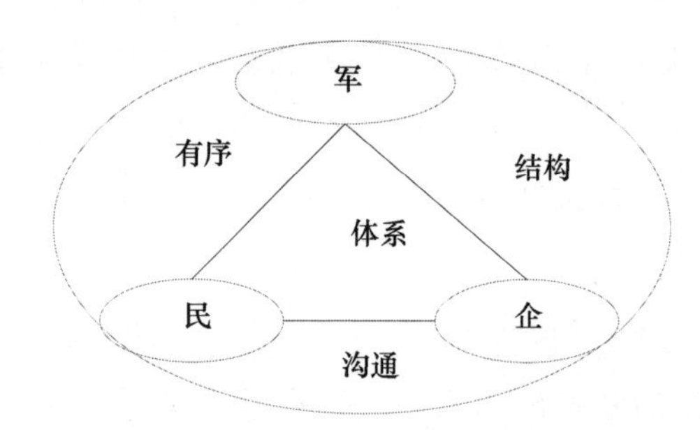

图 3—1　网络空间安全治理军民协同体系基本原理图

（四）体系论的具体适用

体系论的出现对自然科学和社会科学研究思维都带来了深刻变化。在体系论出现之前，西方自然科学研究一般是遵照从要素到整体的研究路径，从局部推导出整体，如传统的力学、化学等都采用这种研究思路。这种研究方法比较注重数据，即通常所说的量化研究。目前许多国内的社会科学研究也尝试通过这种路径，但往往得出与常识不符的结论。体系论注重从整体上把握，在某种程度上可以弥补这种定量研究无法解决的难题。

体系论的前提是将研究对象分解成体系和子体系（或要素），然后审视构成体系整体的部分之间的关系。[①] 这种方法对于国际关系研究非常实用，因为按照现实主义国际关系理论的逻辑，国家是国际关系的主体，这样就能够抛开国家的差异，规避了国家内部的复杂关系，对体系进行了边界设定。戴维·伊斯顿（David Easton）1953 年出版了《政治体系：政治学现状研究》一书，在政治学中引入了体系论。1965 年，他又接连出版了《政治分析的结构》《政治生活的体系分析》，对体系论在政治学领域的应用进行进一步的分析，构成了“政治学体系论”（Political System Theory）的理论基础。[②] 戴维·伊斯顿的政治学体系论包含了通用体系论和控制论两个基本概念和原理。从通用体系论的角度，认为政治体系就如同生态体系一样，也存在输入和输出的循环关系，整个体系是一种结构上有层次、功能上有区分的完整有机体。从控制论上看，体系中有负责分配权力的权威实体，从而使控制体系能有序运行。在行政体系中，能否发挥控制作用的主体一般是政府，负责对整个社会的价值进行分配，分配的过程受到多种外部因素的影响，然后以国家行为的方式对外输出影响力。按照伊斯顿的这种逻辑，国家安全治理理所当然的可以通过体系论来进行叙述，网络空间安全当然也不例外。[③] 伊斯顿以“政治体系”为研究对象，重点探讨与政治体系权威性决策有关的内外社会环境因素相互之间的关系，这种研究方法有助于区分政治现象与其他社会现象。但是，伊斯顿的研究只适合把握宏观政治现象，在某种程度上属于结构现实主义，因此对于具体政治现象的研究比较乏力，特别是对于一国内部政治的运行问题，伊斯顿的体系论解释力是不足的。

1957 年，美国芝加哥大学教授莫顿·卡普兰（Moton. A. Kaplan）出版了《国际政治的体系和过程》一书，他利用体系论来研究政治体系的形成、发展和变革，这就和伊斯顿的政治体系论形成了某种互补，在

---

① 陈卫星：《传播的表象》，广州：广东人民出版社，1999 年版，第 87 页。

② Pickel, Andreas, “Systems Theory,” https://www.researchgate.net/publication/299134261_Systems_Theory.（上网时间：2011 年 4 月 14 日）

③ Oni, Ebenezer, “Public Policy Analysis,” https://www.researchgate.net/publication/334749461_PUBLIC_POLICY_ANALYSIS.（上网时间：2016 年 11 月 23 日）

体系中引入了过程，让体系具有了动态性。20 世纪 80 年代，美国政治学家加布里埃尔·阿尔蒙德（Gabriel A. Almond）创立了结构—功能主义（Structural Functionalism）学派，进一步对本书的网络空间安全体系分析和网络空间的技术发展演进形成了解释。阿尔蒙德从结构与功能以及二者的相互关系出发，深入分析了与社会治理体系相关的一系列重要理论问题，其分析问题的思想框架形成了本书的整个逻辑框架：网络空间的体系、过程和功能（军民协同）。阿尔蒙德还提出了层次分析的方法①，他认为对政治体系要从三个层次来考察："体系层次、过程层次和政策层次。"②

实际上，国际政治学者提出的体系论都是方法论革命上的一种努力，华尔兹称卡普兰的体系论不是理论，只是一种"分类"（taxonomy）。③本书的重点不是对某些国际关系理论进行深入剖析，只是通过这些大师的理论来说明，体系论的方法对本书分析美国网络空间安全治理也具有很强的指导意义。体系论不仅具有解释作用，而且具有决策辅助作用。1947 年，兰德公司爱德·帕克森研究员在进行武器系统的优化配置和武器研发的成本效益分析时，首先提出了系统分析法，用来分析在不确定的情况下一个基本问题的本质和起因，通过系统思维来为建议提供参考模型，对比分析后选择最佳方案，成为兰德公司政策研究的基本范式。系统分析是一种研究方略，系统的思维方法建立在对现有分析方法的全面研究、科学思考和系统整合等基础之上，这种创新思维的产生是科学思维的一个划时代突破，标志着科学思维主要以"实物为中心"过渡到以"系统为中心"，为人类认识和改造世界提供了全新的科学理论

---

① Almond, G. A., Coleman, J. S, *The Politics of the Developing Areas*, Princeton: Princeton University Press, 1960., p. 11.

② ［美］加布里埃尔 A. 阿尔蒙德、小 G 宾厄姆、鲍威尔著：《比较政治学：体系、过程和政策》，曹沛霖、郑世平、公婷等译，上海：上海译文出版社，1987 年版，第 16 页。

③ Waltz N, Kenneth, *Theory of International Politics*, Addison – Wesley Pub. Co. 2005, p. 57.

方法。[①]

三、网络空间安全治理体系的军民协同过程

网络空间是一种基于技术构成的虚拟空间，网络空间的技术架构和要素构成是认知和研究网络空间安全的基础。网络空间安全治理的军民协同问题是一个相对敏感的政治性议题，这种敏感性的主要原因是有关国家（或政府）在网络空间安全治理中应扮演什么角色的长期讨论。目前两个对立的观点：其一是“网络保守主义论”，认为国家（或政府）的权力参与才能维持网络空间的有效运作。其二是“网络自由主义论”，支持网络空间不受任何权威机构的管制，保持绝对自由与独立。[②] 本书倾向于采取网络保守主义论的观点。对于国家网络空间安全而言，仅仅强调军事是不够的，必须通过体系论的视角，厘清各种要素之间的关系，通过体系能力构建的思维实现主体间沟通，形成协同效应（synergic effects），维护国家安全利益。

第一，网络空间安全从属于国家安全，具有外向性。国家网络空间安全治理更多是面向外部威胁做出的准备和回应。国家内部军民体系的独立性则是一种专业发展的表现，但是在外部威胁的压力下，国家需要作为一个整体来对外部信息进行认知解读，并输入内部体系，作为内部政策行为的输入。根据解码信息，国家内部体系的行为个体进行互动，构建共同认知，最后形成国家网络空间安全政策。基于这一点，网络空间内部军民主体间的合作就具有了国家安全的特点。

第二，国家内部网络空间安全政策安排会对外部体系产生影响，甚至改变国际体系的运行。网络空间将整个世界紧密联系在一起，压缩了时空，各国之间、各类主体之间的互动更为频繁，不断构建着共同的认

---

① 黄晓斌、罗海媛：《兰德公司的情报研究方法创新及其启示》，《情报杂志》，2019 年第 5 期，第 6—14 页。

② ［美］弥尔顿 · L. 穆勒：《网络与国家：互联网治理的全球政治学》，周程译，上海：上海交通大学出版社，2015 年版，第 10 页。

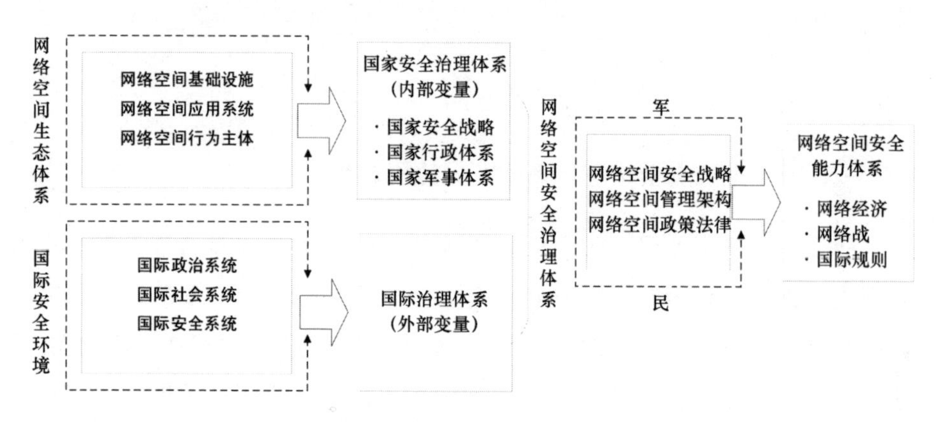

图 3—2　网络空间安全治理军民协同动力模型

知，最终形成了网络空间安全政策、文件和规范。

第三，网络空间安全体系是内部各要素运作的结果。国家网络空间安全体系主要还是国内要素的制度性安排和技术发展，国家治理的主要目的就是对各种要素进行合理优化配置，从而形成国家实力（权力）。

第二节　网络空间军民协同的体系与过程分析

国家安全治理要解决的主要问题是国家治理体系失衡，以及国家安全公共产品供应不足的难题。[①] 要解决这个问题，一般有两条可供选择路径：其一，增加安全公共产品的有效供应，如国家加大对军事和安全相关产品的投入。其二，鼓励并吸引其他相关主体参与国家网络空间安全建设和治理，从而提高国家安全能力的资源调配能力。实际上，所有国家都会在这两个方面来努力提高国家安全实力，不过侧重点不同。美国在塑造网络空间安全能力体系的过程中，一方面加强网络空间攻防能力建设，即技术上不断创新；另一方面运用政策工具优化现有能力体系，

① 董青岭：《多元合作主义与网络安全治理》，《世界经济与政治》，2014 年第 11 期，第 52—72 页。

即不断优化治理体系。目前大部分研究都会将重点放在能力建设层面，而对安全治理工具的应用关注度不足，这正是本书关注的重点。

一、网络空间的政治分析

“技术”是网络空间安全研究必须要首先面对的问题，因为网络空间安全问题与网络空间的发展和使用相关联，网络空间是完全由人类构建的技术环境，基于社会建构是网络空间独有的特点。① 正因为如此，网络空间的概念和网络空间的应用、内涵及外延都会随着历史的发展而变化，凸显了这一空间对技术开发和使用的历史偶然性。因此就出现了“技术决定论”的研究倾向。② 但是对于大多数政治学研究者而言，技术是一种外在的社会力量，是推动社会变革的物质或权力资源，只有通过人的使用才是具有意义的中性的工具。③ 在技术发展过程中，也存在着权力的使用和权力关系的协调。特别是在技术的初始阶段，技术开发者的意图、规范和价值观会植入到后面的产品中，政治中的权力会影响甚至塑造技术的发展方向。但是技术一旦成熟，就可能脱离开发者的意图。④

网络空间技术具有政治性是一个不争的事实。⑤ 互联网从早期的原型机阶段（1967—1972 年）发展为互联网（1973—1983 年），计算机之间数据信息交换的协议是基于平等主义精神⑥，理想是建立一种没有中

---

① Bingham, N. Objections, “From technological determinism towards geographies of relations,” *Environment and Planning D: Society and Space*, doi: 10.1068/d140635, 1996. pp. 14, 635-657.

② Herrera, G, “Technology and international systems,” *Millennium: Journal of International Studies*, doi: 10.1177/03058298030320031001. 2003, pp. 32, 559-593.

③ Leese, M., & Hoijtink, M. (Eds.), *Technology and agency in international relations*, London: Routledge. 2019.

④ Fischerkeller, M. P., & Harknett, J. R, *Persistent engagement, agreed competition, cyberspace interaction dynamics, and escalation*, Alexandria, VA: Institute for Defense Analysis, 2018.

⑤ Price, M, “The global political of internet governance: A case study in closure and technological design,” In D. McCarthy (Ed.), *Technology and world politics: And Introduction.* London: Routledge. 2018. pp. 126-145.

⑥ Naughton, J, “The evolution of the internet: From military experiment to general purpose technology,” *Journal of Cyber Policy*, doi: 10.1080/23738871.2016.1157619. 2016 (1). pp. 5-28.

央权力机构、没有审查机构、最少规则限制的体系。但是随着互联网技术的发展，从原有互联互通的大型机到更小、更开放的体系，越来越多的元素进入到网络信息体系，但其基本的技术架构没有变化。网络空间的开放性在带来自由与效率的同时，也带来了安全问题。网络空间本身可以是一种体系，它是一种由节点和连接构成、用来表示多个对象及其相互联系互连的体系，核心技术基础是互联网（Internet）技术，其技术架构可以抽象地概括为：通过连接边（物理或虚拟的链路，如光缆、Wi－Fi 等），将各个独立的端点（计算机、手机、其他可联网设备）按照一定逻辑连接起来，实现端点之间的载荷交流和信息沟通。综上，网络空间作为一种技术体系，其逻辑架构包含四个基本要素：端（节点）、交换节点、连接边和载荷（数据信息）（参见图 3—3）。

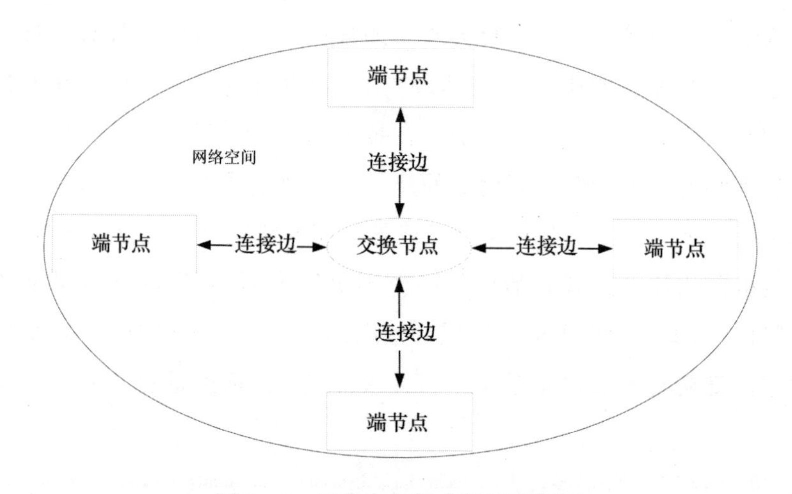

图 3—3 网络空间技术体系逻辑图

但由此认为网络空间不安全也是不合理的。网络空间安全问题主要不是源自技术，而更多是在应用层面，如“9·11”事件、“斯诺登事件”“中东变局”，都是因为人利用了网络空间制造了网络空间以外的不安全事件，但是从根本上对网络信息技术正常运行构成了挑战。这不是技术设计的初衷，也不足以结束网络空间的政治性。在网络空间技术和国家安全之间存在一个知识生产的过程，这个过程生成了特定的社会事件，具有了政治或社会价值，从而形成了技术与安全之间的关系。这也解释了为什么有些网络事件达到了那个阶段，而其他的网络事件没有达到那个阶段。[①] 随着网络空间安全问题越来越成为一个高阶政治议题，一些专家和政策制定者开始思考网络信息技术是否成为一种新型权力，以及这种权力来源会如何影响现有权力分配。尽管定义各不相同，但网络权力被理解为利用网络空间相关资源在网络空间内外实现特定（政治）目的的能力。[②] 在国际政治领域，研究权力一般都与冲突与合作相关，但网络空间安全与国内的正常政治也是相关的，即所谓的国家安全治理。

网络空间安全和传统的国家安全一样，也需要采用一种体系性思维，跨越不同责任领域，不仅需要各级政府的各种公共行为者之间的协调与合作，也需要企业和社会的行为者之间的参与与合作。在国家网络空间安全治理层面，政府职能部门不是简单地发布指示并监督其执行，而是寻求形成框架条件，以便合作顺利进行。从大的治理框架看，国家网络空间可以外在表现为军民两类应用体系，这些不同应用领域的网络类似于国家地理空间中的行政区划，治理的主体是不同的。在面对国外安全外部威胁时，统筹这些不同主体间关系形成合力，成为国家网络空间安全的重要议题（参见图3—4）。

二、军民协同的理论框架

从理论上看，网络空间主体多元是现实基础，军民协同是国家为了安全目标而采取的对多个主体关系协调、能力整合的发展过程。约翰森（Johanson）和马特森（Mattsson）在分析行业市场化和国际商务的过程中，提出了一种关系与互动模型，对网络空间安全治理的过程有很好的

---

① Balzacq, T. , & Dunn Cavelty, M. A theory of actor - network for cyber - security. European Journal of International Security, . doi: 10. 1017/eis. 2016. 8. 2016 (1), pp. 176 - 198.

② Joseph S Nye, *Cyber Power*, Belfer Center for Science and International Affairs, Harvard Kennedy School, 2010, p. 3.

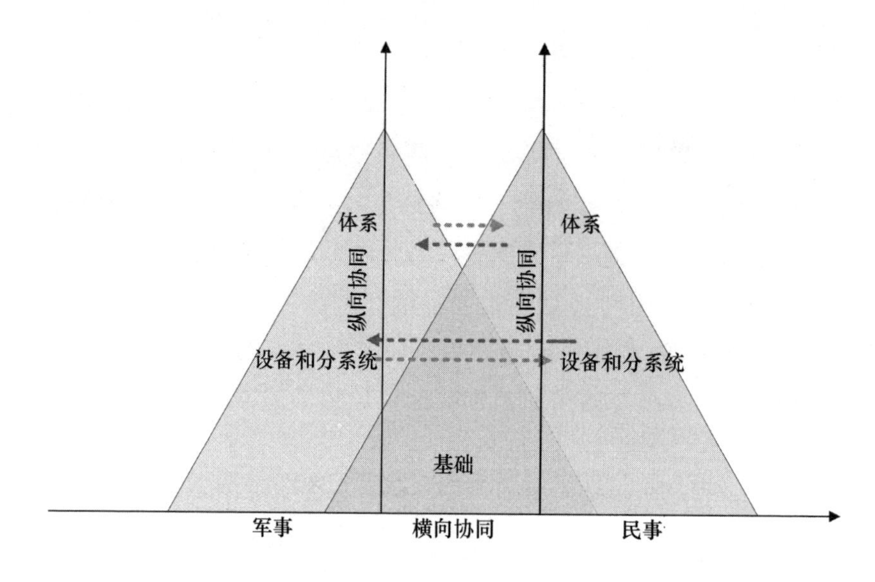

图 3—4　网络空间的军民协同关系①

解释力②，本书将其称为"JM 模型"（参见图 3—5）。根据这个模型设计出网络空间安全治理的过程框架，包括多元主体、关系建立、主体互动和协同实现四个部分，形成了体系和过程两个层次的网络空间安全体系认知框架。

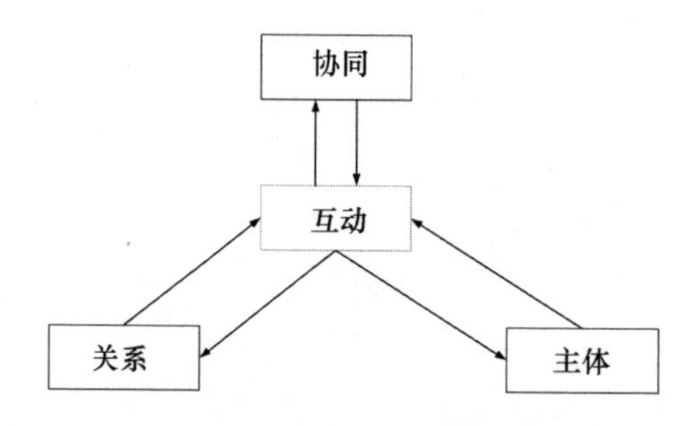

图 3—5　JM 模型基本关系图

① ［荷］欧盟委员会企业和工业总司，严小芳、计宏亮译：《安全领域军民协同研究》，北京：国防工业出版社，2016 年版。

② Johanson J，Mattsson L G，"Interorganizational relations in industrial systems：a network approach compared with the transaction cost approach，" *International Studies of Management & Organization*. 1987（17），pp. 34 –48.

网络空间安全治理的军民协同，是指在网络空间中军民两类完整且相对独立行为主体，在国家安全利益目标指引下，通过有效的信息沟通，形成或指定相互协同交流的规则，从而达到共同治理的协同效应。简言之，网络空间安全军民协同治理模型，从本质上讲是一种“体系—过程”理论在具体问题上的应用，对于进一步分析网络空间安全治理的国家治理体系中主体间关系和整体能力形成，具有非常重要的意义（参见图3—6）。

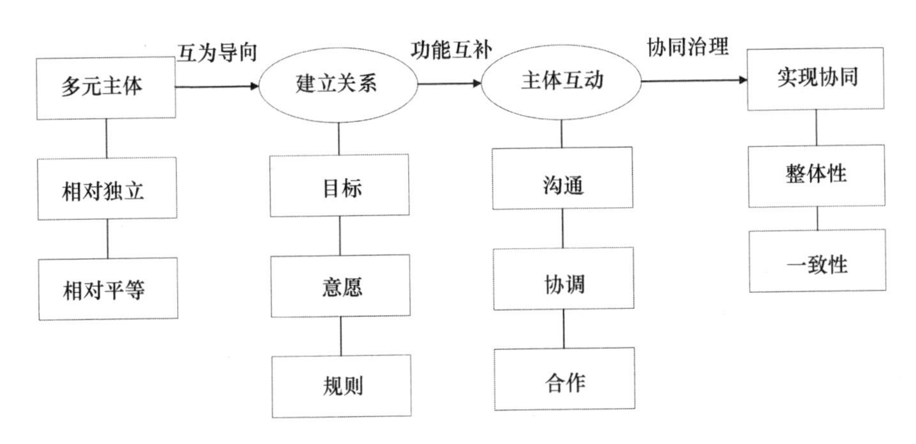

图3—6 网络空间安全治理军民协同的过程

美国著名学者约瑟夫·奈长期以来一直关注网络空间力量问题，他提出：“随着信息革命的发展，主权国家的地位会不断衰落，各类依托信息网络技术的非政府组织则将拥有跨越领土边界的能力，从而改变现有的社会治理方式。”① 根据上述对网络空间技术架构的分析和国家安全治理的多元互动模型，本书根据网络空间安全治理参与者的目的、性质、特点的不同，主要是为了分析便利，将网络空间行为主体从横向上分为军、民两类，“军”主要是国家军事应用的网络，“民”主要是指非军事的部分，这两类主体在一般国家都是单独设立的，这是社会分工专业化

① Joseph S Nye, *Cyber Power*, Belfer Center for Science and International Affairs, Harvard Kennedy School, 2010, p. 1.

的基本要求；但是因为网络空间安全的特点，为了国家安全的共同目标，这两个主体又不得不打破专业分割界线，通过某种机制实现关系协同，这种机制就是本书研究的核心问题。多元主体协同治理最为重要的两个概念是主体多元和主体协同。主体多元不难理解，就是权力主体不是单一的，而是有多个主体分享，这是军民协同治理的前提。主体协同关系建立是军民主体之间沟通交流的最终目标，两类要素之间形成一种沟通交流的机制，这种机制可以是约定俗成，也可以是通过法律来进行规约（参见图 3—7）。

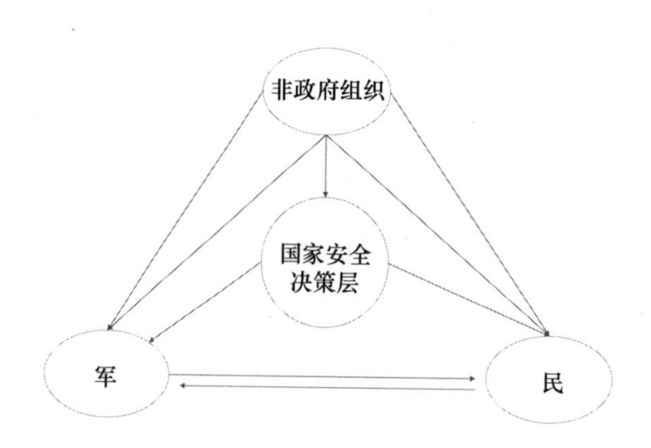

图 3—7　网络空间军民协同的层次分析①

主体多元是网络空间治理首先要考虑的要素。主体多元并不是体系中出现多个要素，而是要求主体中多个要素具备平等关系，如军和民两个子体系，并不是主次关系，个人与企业在网络空间中也具有同等权力。这种平等的根源是每一个主体都具备独立掌握资源和自由行动的能力，不受其他主体的主宰和限制，主体间不是从属关系。例如，本书研究的军民两个主体之间是不存在隶属关系的，这才是协同关系研究的起点。那么，究竟是什么原因促成了主体间的互动，并实现了协同呢？

---

① 董青岭：《多元合作主义与网络安全治理》，《世界经济与政治》，2014 年第 11 期，第 52—72 页。

军民协同是网络空间军民主体互动的结果，也是网络空间作为一个完整体系存在的基础。假设军民之间不存在互动关系，也无法实现协同，那么网络空间的要素就不应该包含军民两个子体系。军民主体协同提出了治理模式的转变，即由垂直型管理向扁平化管理转变。这是网络空间安全治理必须要认清的现实。网络空间安全治理的重点是对这种多元主体关系的协调。所谓治理，是指公共的或私人机构共同管理事务的诸多方式的总和，在此过程中形成了不同权威机构对具体议题的协调管理和规制，公共和私人部门通过对行为体的干预、正式和非正式的安排，达到特定政策结果的目的。① 具体到国家网络空间安全治理而言，主要通过一套特定的规则体系和多个专业治理机构，对网络空间安全问题进行协调、管理和调节。②

基于上述分析，本书提出如下假设：网络空间安全治理主体的协同要求军民两个相对独立的网络体系治理主体能够在国家安全的共同目标指引下，相互协调、共同作用，维持网络空间的整体性和秩序，维持网络空间发展的稳定和进步。军民作为两个不同的主体体系，相互协同程度越高（主体参与和主体协同程度），协同效果越好（参见图3—8）。

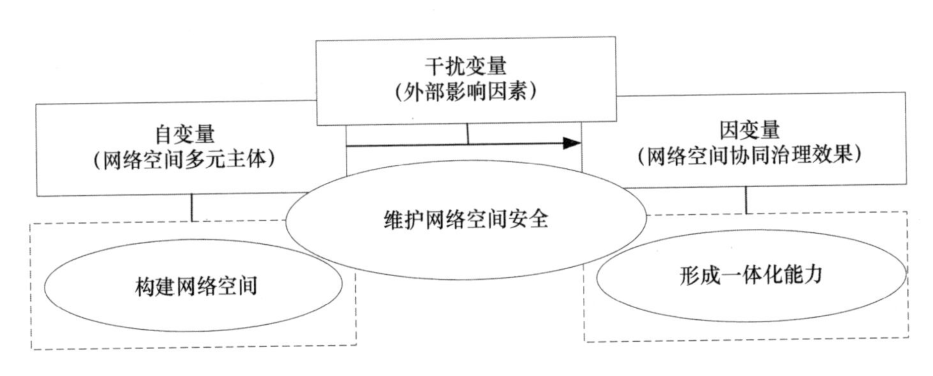

图3—8 网络空间安全军民协同治理的问题假设

① Mark Webber, et al., "The Governance of European Security," *Review of International Studies*, Vol. 30, No. 1, 2004, pp. 3-26.

② ［英］埃米尔·J. 科什纳、吴志成、巩乐译：《欧盟安全治理的挑战》，《南开学报（哲学社会科学版）》2007年第1期，第30页。

三、军民协同的基本逻辑

网络空间安全治理能力体系的形成，基本上按照上述的两个层次发展：一是能力建设，国家总是先要建设网络空间信息基础设施，军民主体共建网络空间基础设施，这个过程一般称之为军民一体化建设。二是针对网络空间发展带来的安全问题进行治理，维护网络空间安全，这个过程就是本书所称的治理的军民协同。军民协同是作为国家网络空间安全体系的两个子体系，在国家安全利益目标指引下，建立关系、反复互动、实现协同、功能校验的迭代过程。

（一）关系建立：网络空间主体间关系建立

网络空间安全治理军民协同的第一步是关系建立。单一治理主体转变为多元治理主体并不能自然产生协同效应，这就是体系论强调的整体不是要素的简单相加，而是有机联系在一起的。平等主体间形成有效协同关系是非常复杂的过程，为了研究便利，本书将主体间形成相互关系的基础简化为：共同目标、合作意愿和参与规则。网络空间安全治理涉及的军民两类子体系，按照共同目标并遵守体系的基本参与规则紧密联系在一起。这些子体系从属于体系，并按照整个体系预定的逻辑进行互动，发挥各自的特征和优势，形成整体体系能力（一体化的网络空间战略体系和能力）来共同应对国家网络空间安全中面临的威胁和挑战。

网络空间安全军民主体协同治理的目标是通过政府建立某种机制，让军、民两个网络空间安全子体系能够积极参与共同治理，发挥各主体的技术优势、资源优势等，为了国家安全目标维护网络空间的稳定、抵御外来威胁，形成比较优势，从而更好地解决网络空间多元主体无序、单一主体力量不足的问题。

网络空间安全军民主体参与共同治理的意愿是实现安全利益的关键因素，这种意愿可以是自发的，也可以是外在压力下强制的。对于网络空间安全治理而言，国家安全是军、民两个子体系达成共识的最佳途径，权力和利益成为了各主体协同治理的枢纽。国家安全是国家核心利益，军民主体为了维护国家利益来实现自身利益最大化。

网络空间军民主体协同治理的参与规则是实现军民之间有序协调合作的关键。就如同互联网中 TCP/IP 协议是互联网能够发展至今的里程碑事件一样，规则也是军民之间两个独立运行的网络空间安全体系实现协调合作的桥梁。网络空间安全治理的规则是国家通过法律、制度和政策制定了参与规则，详细规定了网络空间多元主体协同治理的运行方式。任何国家的军民主体在网络空间中都会保持相对独立，都有自身的利益，规则就成为这种独立主体间关系协同的关键序参量。

（二）主体互动：网络空间主体的功能互补

主体间互动是形成网络空间军民主体协同的关键。在网络空间中，军民两类主体面临着共同的网络空间安全威胁，而单一主体又无法有效应对解决这些难题，或者某一主体的漏洞对另一主体会造成不安全的影响。因此，主体间为了共同的安全目标会主动要求开展合作，通过合作来提升网络空间安全能力。这里有一个非常重要的前提：军民主体间权力的平等。传统上掌握在军队手中的“武力”，在网络空间世界中，这种“武力”（网络攻击技术与工具）可能掌握在企业或个人手中，而且是合法拥有。这就为平等合作而不是从属关系奠定了基础，达到了从单一主体治理到各主体共治的转变。通过这种共治，相互之间的资源和能力实现了优化组合，进而提高了国家网络空间的组织行动效率和资源利用率。

主体间互动也不是一蹴而就的，这不仅受制于技术，还受制于国家治理体制的因素。网络空间军民两个主体需要在国家治理体系中按照沟通、协调和合作三个步骤，逐步加深关系。沟通属于浅层次互动，主要是信息资源的公开与共享。对于网络空间安全治理而言，主体的多元性、平等性对信息公开与共享要求极高。特别是在国家重大安全事件中，军民之间如果缺乏信息沟通，容易引发信息误判、消极应对。协调是主体间更为积极主动的行为，这时主体间通过协调达成合作的过程。合作是军民两个主体之间互动的理想状态，相互之间能够依据各自相对优势进行互补，各自根据自身优势承担相应安全职责，有效管控相互之间的利益冲突，从而达到协同的目标。

（三）实现协同：网络空间主体的协同配合

协同是比较理想化的状态，涉及整个国家军民网络空间资源、行动能力的一体化运作和整合。国家网络空间的建设主体、管理主体在前期沟通、协调、合作的基础上，已经形成了相对牢固的关系，协同阶段就是依据这种关系去追求国家安全的目标，并能够做到一体化运作，表现出整体性和一致性。“治理协同能够产生单独的主体自身所没有的新功能，从而实现网络空间安全治理的成效增值。网络空间安全能够维持在各主体深度合作、有序参与的共同治理中，最终达到最大限度地维护和提高网络空间公共利益和各主体自身利益多方共赢的目的。”① 在军民协同模式下，网络空间安全体系首先是作为一个整体存在的，本书讨论的网络空间安全主体间关系不是简单的合作，而是在国家治理体系中的一种关系协调，是美国“全政府”（whole of government）策略在网络空间的具体体现。

（四）检验成效：网络空间安全利益的实现

协同成效是对网络空间安全治理采用军民协同方法的一种结果评估，也是体系论的具体运行表现。军民主体间协同效应不是个体功能的简单相加，这里检验的一定是体系整体的效果，即国家网络空间安全利益目标是否达到了国家安全的整体效应。这一点与新现实主义强调是一致的，国家的最终目标是利益（安全），权力只是实现利益的手段。对于网络空间的军民主体而言，相互之间互动、协同都不是最终目标，安全才是最终归宿。因此，在检验某种治理安排是否有效，是否达到协同效应，主要评判标准是看能否有效维护了国家的安全利益，同时促进国家网络

---

① 郑巧、肖文涛：《协同治理：服务型政府的治道逻辑》，《中国行政管理》，2008 年第 7 期，第 48—53 页。

信息产业的繁荣发展（参见图3—9）。

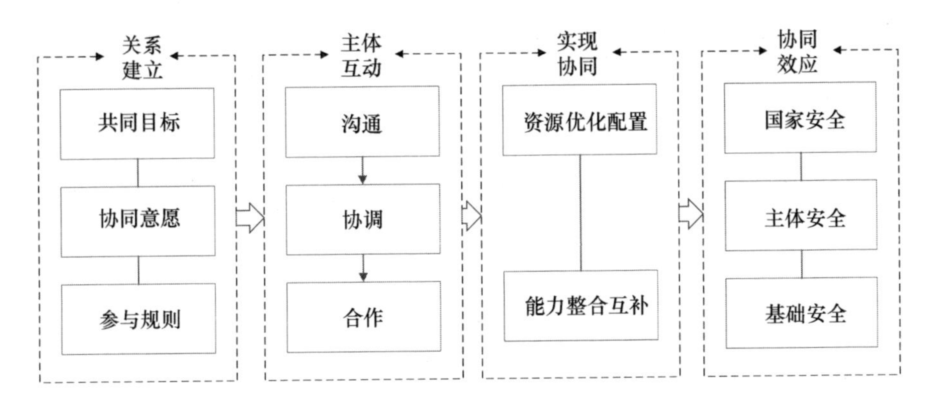

图3—9 网络空间安全治理军民主体协同实现过程

第三节 网络空间安全治理军民协同基本特征

在整个国家安全战略体系中，网络空间安全属于国家安全的子体系，表现为一种独立且完整的生态体系，其内部各个组成部分相互影响、相互作用，不断影响着国家网络空间安全体系的结构和规范。网络空间安全治理体系具有外向性、独立性、结构性和关联性的体系特征。这种特性在军民协同、资源整合过程中都会有体现。本书主要考察体系内部要素之间的关系对体系整体效能的影响。

一、网络空间安全体系的外向性

国家安全本身是一个具有强烈外向性的命题。知名社会学家查尔斯·蒂莉认为，国际安全竞争造就了民族国家。[①] 同理，网络空间安全

① 丁家龙：《战争与国家：查尔斯·蒂利国家形成理论的简单述评》，《经济研究导刊》，2011第4期，第236—237页。

也是因为外部竞争而成型。因此，国内网络空间安全治理体系必然从国际网络空间的动态变化中获得信息输入，然后对这些外来信息进行内化，作为内部网络空间安全主体的行为依据，反映为国家决策机制的政策、制度、战略等外在形式，协调内部力量形成整体能力。“9·11”事件以后，美国国内网络空间安全环境受国际网络空间战略环境影响比较明显。如国际恐怖势力利用网络化信息化手段，不断扩大渲染反美情绪、发动“圣战”等，在这种外部压力影响下，美国国家安全体系发生了重要变革，成立了国土安全部、颁布了第一部明确的网络空间国家安全战略，随后又出台了多部有关网络空间安全的法律制度（美国21世纪大部分有关网络信息方面的法律都在小布什政府期间通过）；并在条件逐渐成熟后率先成立“网络战司令部”，增强自身网络空间安全的“实力”。美国的这一系列举措都是对外部世界影响的反应，但影响了内部主体间关系，对内部军民协同的进程产生了效果，而这些内部安排又作为美国整个国家网络空间安全体系的一种行为对外产生影响，影响其他国家的网络空间安全战略性安排。

二、网络空间安全体系的独立性

如前所述，国家网络空间安全作为一个体系存在，独立性完整性是其显性特征。一般而言，网络空间安全体系由国家行政管理体系、信息基础设施、数据和信息、技术产业体系等要素构成，形成一个有机整体，这种有机的整体被作为体系或系统，按照某种规则对组成要素形成合理的结构，从而确保体系运行。网络空间安全作为一个独立的体系是有边界的。美国网络空间体系的独立实际上也经历了相当漫长的发展历程，有其发展的时间脉络。随着美国网络司令部的建立和发展成熟，网络空间安全体系在美国的安全架构中的独立地位也得以确立。尽管网络空间具有公共的特点，信息传输往往在跨越边界时候具有不同于其他空间的无限性。这是制定网络空间安全政策的难点之一。尽管美国一直强调网络空间是一种“全球公域”（global commons），其目的是希望利用美国强大的技术和规则优势继续维持网络空间霸权。但是从美国的国内网络空间安全治理、系列网络空间安全事件，以及《塔林手册》的出台等来看，都表明美国实际上认同网络空间的国家属性。从美国多年的网络空间安全治理和战略文本中都可以看出，网络空间超越了国家边界，但美国的网络空间安全治理没有脱离传统的国际关系边界。

三、网络空间安全体系的结构性

结构性是体系的重要特征，这种结构强调的是网络空间安全体系内部要素间的关系，这种结构的合理与否对整个体系的效用是有直接影响的，这就是政治体系强调整体的功能、强调整体不等于各孤立部分功能之和的重要原因。体系内要素处于一定的相互联系中，与环境发生关系，各个组成部分不可能是“乌合之众”，必须按照某种规则形成结构。组成体系的各单元、因子、部分就是要素。这些要素都是有各自利益和功能的，而体系的目的是要对这些功能进行整合，形成自身的利益目标。因此，对于政治体系的分析，首先是对整体的认知，政府对某个组织或个人的认识，人们首先认知的是一个完整的全貌。但是体系的能力如何，是体系内要素有效整合的结果。网络空间安全一方面是技术能力问题，另一方面是治理问题，即常规的资源优化配置。在技术发展水平确定的情况下，关注发挥各部分的功能，发挥政治体系中各部分的相互联系，对于政治体系作为一个整体发挥作用具有积极意义。网络空间安全与国家安全体系的其他方面一样，也以整体效能最优为标准。美国网络空间安全体系，不管是其构成的客体要素，还是参与网络空间安全治理的主体组织架构，都是在一种完整的组织体系中，形成了一种独立的结构。

四、网络空间安全体系的关联性

网络空间安全体系的关联性主要指内部要素间关系，这是一个显而易见无须深入探讨的命题。但对于网络空间安全体系内部的构成要素属性而言，每个要素都具有不同于其他组成部分的特定属性、功能与价值，如美国国防部、国土安全部、商务部和情报界等，都对国家网络空间安全负有职责，也因此成为国家网络安全的重要力量，这些机构相互之间形成紧密的关联，构成严密的体系。美国为了实现网络空间安全体系的整体效果，对政府部门、企业、公民等相关主体都进行了充分动员，进而实现了政策、管理和技术的全面配合。在这些体系中，任何要素都是缺一不可的，这就是关联性的要义所在，即网络空间安全内部的体系要素与其他要素之间存在相互依存关系，任何一个部分和任何一个环节出现“短板”，都会使整个体系出现重大的安全漏洞，影响其他部分要素的功能。

第四章／美国网络空间安全治理军民协同演进

国家对安全活动的组织是政治学中一个永恒的主题。网络空间起步于一种军用通信技术，最终发展为一种与人类生活不可分离的人类生存空间和国家安全战略空间，经历了“军事化、非政治化、政治化到安全化四个发展阶段”。[①] 这个过程有技术的进步，也有认知的变化，同时还包括战略构建和组织关系的调整。网络空间安全作为一个独立运行体系，是历史形成的产物，是“由具有历史意义的社会关系构建的空间形式、空间功能和社会意义。由于网络空间的人为特性，因此，互动和演进是网络空间最重要的特征”。[②] 研究美国网络空间安全治理体系的军民协同，演进“过程”是不可忽略的视角。本章基于过程论，从网络空间技术成熟过程中的军民相互转化、认知过程中的威胁构建、安全化过程中的军民协同三个方面来审视美国网络空间安全治理军民协同体系的演变历程。

第一节　美国网络空间技术发展军民协同的阶段分析

网络空间安全首先是技术选择的结果，也是技术上军民协同的发展

---

① 计宏亮：《美国军民一体化网络空间安全体系发展研究》，《情报杂志》，2019 年第 10 期，第 81—89 页。

② ［美］曼纽尔·卡斯特：《网络社会的崛起》，夏铸九、王志弘等译，北京：社会科学文献出版社，2003 年版，第 504 页。

过程。互联网技术从一项军事辅助性技术，最终发展成为一种渗透到社会方方面面的核心性技术，经历了几十年的发展历程，并逐步形成了一个相对独立的自我空间，构成国家安全的一个重要领域，以一个新的空间形式进入国家安全战略视域。整个发展过程经历了军事需求牵引技术突破、商业市场驱动军转民、技术创新实现军民一体化等，实现了军转民、民参军、军民协同的发展演变，反映了体系具有自我成长的特点。

一、第一阶段：军事需求是网络空间技术诞生的根本动力

美国最初提出互联网的理念，仅仅是作为一项军事辅助性通信技术，后期发展成为一种影响国家安全、支撑经济发展的使能性技术，纯粹是一种"无心插柳"的结果，这主要是植根于美国国防工业基础，甚至整个美国科技领域的军民协同发展理念发挥了决定性的作用。回顾整个网络空间发展历程，最初互联网因军事需求而诞生，并在军方主导下形成了互联网架构、标准协议等。

20 世纪 50—60 年代，美苏冷战正处于白热化阶段，是以核对抗为主、以技术进步为核心的高强度军备竞赛，"实验室冷战"成为当时最为突出的特点，技术被视为决定战争胜负的关键因素，双方竞相开发能够形成相对优势的军事科技，取得了一系列重要突破。许多技术不仅应用于战争，而且对整个社会的变革发展都带来了深远影响，如全球定位系统（GPS）、互联网等。在互联网之前，为防止苏联飞机绕道北极来袭美国，美军于 1951 年授权麻省理工学院创建林肯实验室，策划提出了"远程预警"项目。这个项目的核心理念是中央控制型网络化预警体系：首先由美军部署在全球各地的雷达站采集信号，然后传输到中央服务器计算机，利用美国当时较为先进的计算机进行计算，最后调动武器对来袭的敌机进行精准拦截，形成一种中央控制型的通信指挥网络。这个体系使人类第一次实现了实时人机交互和组网，充分发挥了当时刚刚兴起的计算机技术优势，其计算能力是人工所不能想象的，而且做到了半自动的运行状态。这个基于计算机的通信指挥网络成为互联网的雏形。但这

种中央控制的网络有一个致命的缺陷，即唯一的网络控制中心成为整个体系的心脏。特别是1957年苏联卫星成功上天，对美军当时的雷达网络形成了极大的“抵消”，苏联通过一个导弹就可以摧毁美国的网络中心，从而让这种中央控制网络完全失去效用，因此中央控制部分承受了整个体系的安全压力。

为了解决军事指挥通信网的可靠性问题，美国从1956年开始研究，肯尼迪政府要求美国高级研究计划局（ARPA）对现有指挥通信网研究后提出新的方案，探索在美国军用网络遭受攻击之后，能够保持联络的安全网络。美国高级研究计划局开展了广泛的调研之后，最后采用了兰德公司（RAND）提出的“阿帕网”（ARPAnet）概念。1969年，在高度保密状态下，“阿帕网”开始利用设置在加州大学洛杉矶分校和圣巴巴拉分校、斯坦福大学、犹他州大学的四台计算机进行通信试验。“阿帕网”理念的创新之处在于它是一种无明显中心节点的设计，采用分组交换技术，即所有入网计算机具有多条传输线路。在相互传输信息时，计算机将信息分成一个个的信息包，然后选择合适的路线将数据传输到目的地。这样一来，计算机间的通信不再依赖于易受集中打击的控制中心，即使一部分线路遭到破坏，信息包会自动根据网络协议寻找传输线路，保证传输正常进行。这种设计结构被称为分布式结构，这就是今天网络空间技术的核心设计理念，无论是局域网还是广域网，甚至物联网，都采用了分组交换技术。这种去中心化的设计思维一直影响到今天网络空间基本技术架构，也影响了了网络空间安全的治理思维，以至当前美军提出的“分布式作战”[①] 理念也深受其影响。

二、第二阶段：技术通用为网络空间快速发展铺平了道路

互联网理念因为军事需求而诞生，并完成了基础技术的准备，但如

---

① Dmitry Filipoff, “Distributed Lethality and Concepts of Future War,” http://cimsec.org/distributed-lethality-and-concepts-of-future-war/20831.（上网时间：2016年1月4日）

果到此为止，那么这种军事技术就只能作为一种辅助通信手段而存在。真正让其走向繁荣发展的是市场经济的力量，强大的市场应用带动这一技术产品的又一次成长。在完成技术和标准的准备阶段之后，互联网技术已经具备了从军事主导的实验室向公共领域、商业市场以及进一步扩展的成熟条件，最终实现了从军事领域扩散到其他许多领域，例如政治、经济、社会和商业应用。美国军用技术向民用转化从而实现市场化发展是有天然基础的，这就是美国军工企业的"军民一体化"运营模式。

从技术层面看，互联网技术能够实现在民用领域的快速成长，得益于电子信息技术的军民通用性，这一方面能够充分调动全社会的创新资源，另一方面使这一技术在军转民过程中不存在任何技术障碍。20 世纪 70—80 年代，几项关键技术的突破，对互联网发展起到了重要作用：首先，苹果公司已经实现了计算机的小型化和商业化，这样就降低了成本，从而使更多的计算机可以连接到网络，扩大了网络空间的规模。在这之前进行实验的联网计算机都是大型机，在接入数量上就受到限制，成本也非个人能够承受。二是 TCP/IP 通信标准协议的研制成功并得到应用，这一点在互联网发展中具有里程碑意义，而且对于当前军民融合战略都有重要启示意义。它解决了不同类型的计算机和异构网络之间的互连难题。在此之前，即便是在美国陆、海、空三军的网络之间，也因为使用不同的计算机类型而无法做到相互通信。TCP/IP 通信标准协议的出现，从思维上打通了互联互通的壁垒。三是基于卫星和光纤的信息通信技术（ICT）不断取得进步，这两项技术主要解决了网络通信的距离和容量问题。①

在此要再次强调标准的关键作用。TCP/IP 通信标准协议的研制成功在整个互联网发展史中发挥了至关重要的作用，对于网络空间的军民协同发展起到了革命性作用。虽然当时的网络应用主要在军队，但当时的网络还属于局域网，美国陆、海、空军都使用了不同类型的计算机，相

---

① 计宏亮：《美国军民一体化网络空间安全体系发展研究》，《情报杂志》，2019 年第 10 期，第 81—89 页。

互之间很难实现互联互通，而社会上使用的计算机更是多种多样。采用TCP/IP通信标准协议之后，不同类型的计算机网络之间通信再无障碍；无论什么类型计算机，只要接受TCP/IP通信标准协议，就可以接入互联网。1983年前后，“阿帕网”的所有主机都已经采用了TCP/IP通信标准协议。

1986年是互联网军民结合发展史上具有里程碑意义的一年。互联网在应用层面取得重要进展，“阿帕网”分为“MILnet”和“ARPAnet”两部分。“阿帕网”继续留在实验室去完成互联网未竟的实验任务，而“MILnet”直接进入军方的非保密通信应用，接受实战检验。很快美国国家科学基金会也从军方得到技术授权，在美国主要高校之间建立起了互联的骨干网络，即“NSFnet”，用于科研交流。从此，互联网进入到三网并行的过渡期，军民协同还主要存在于实验室领域，直到1990年“阿帕网”完成实验任务并关闭，而“NSFnet”因为其开放性而迅速成长扩散，覆盖全美国。

从严格意义上讲，这一时期属于互联网发展的过渡期，大量社会科研资源进入了互联网，极大地加速了互联网技术和应用的发展。英国人蒂姆·伯纳斯·李（Tim Berners—Lee）在1989年开发了一种Web服务器和Web客户端软件，即后来的万维网（www），极大地便利了人机交互和应用体系开发，加速了人类社会的信息化进程。万维网提供了一种直观的人机交互界面，用户可以实现通过超文本链接获取信息，从而降低了互联网使用的门槛，让不具备计算机专业知识的人也可以轻松使用互联网。

在这一过渡时期，一方面是技术准备阶段的完成，另一方面是军转民应用领域技术的探索，实现了一种军用技术向民用商用领域的开放，使其发展具备了更广阔的空间。回顾这一过渡阶段可以发现，在互联网技术军转民过程中，首先是技术上没有障碍，尽管互联网架构设计在军方，但是具体的底层技术大部分来自一般的商业机构，如计算机就不是军用技术。其次是制度上没有隔阂，美国国防部将一项军用技术在相对成熟的阶段转移到一般民用领域的时候，既保持了军用网络的独立性、保密性，又能够从民用领域获取更为先进的技术。这一阶段的军民协同关系主要得益于技术通用层面。

三、第三阶段：军民需求成为网络空间快速发展的基本动力

网络空间在 20 世纪 90 年代实现了繁荣发展，除了自身技术进步的原因之外，整个美国国防工业和经济发展环境也发挥了重要的作用。随着冷战的结束，美国外部安全环境发生了有利于美国的急剧变化，但经济上却遭遇了危机（1990—1991 年）。克林顿政府为重振美国经济，一方面在 20 世纪 90 年代开始大力推进国防工业改革，推进国防工业企业的“军民一体化”发展；另一方面敏锐地捕捉到了信息技术对经济发展的机遇，加大联邦政府的科研投资、激发企业创新活力的研究开发经费，鼓励企业投资研究开发，大力实施军民一体化的“新经济”[①]，创造了美国 10 年的经济增长奇迹，其核心动力是信息通信技术。这充分证明军转民技术只要选对方向，可以创造无限的市场潜力。

克林顿上台之时，美国延续冷战思维，在国防科研领域的投入比例较高，而在民用领域的投入相对较低。克林顿政府为了缓和矛盾，并没有大幅削减国防经费，而是敦促国防部积极进行军用技术向民用转移，把国防部积累的军事科技能力转化为企业的核心竞争力，从而实现了军事能力和市场潜力的平滑转移，充分显示了美国军民融合思想的战略优势。与此同时，从 20 世纪 90 年代中期对国防工业基础进行了重大改革，正式提出了“军民一体化”的国防工业基础发展思路：共建基础设施、共享信息资源、联合开发技术和共同应对威胁。同时，美国克林顿政府大力推进网络信息技术在商业领域的应用。在美国军民力量的推动下，互联网技术开始逐步从单纯的通信功能向更为广阔的空间发展，互联网不仅作为一种通信技术实现了计算机之间的互联互通，而且更多的通信

---

① 刘戈：《克林顿与新经济（下）：信息技术的兴起带来全新的经济发展模式》，https://www.tmtpost.com/1652362.html.（上网时间：2016 年 3 月 7 日）

电子设备甚至其他各类设备都使用了互联网技术，最终形成影响社会方方面面的泛在性网络，在产业层面形成了一种“网络安全产业军民复合体”。[①] 在此期间，美国军民两个方面齐心合力，充分利用互联网技术带来的红利，美国政府也在同时期推出了多项大规模的信息基础设施计划，最具代表性的是1993年克林顿政府授权国防部组织建设“国家信息高速公路”（NIT计划）、2001年9月启动的军民通用的全球信息栅格（GIG）项目，后者发展为美国全球作战的一体化军事通信指挥控制体系。

到21世纪初，网络空间技术已经基本成熟，并渗透到美国国家治理和社会生活的各个方面，对政府治理也带来了深层次影响，“一些关键的、维持城市日常运行的基础设施，如电力体系、城市用水管理体系、交通管制以及金融支撑体系等，都严重依赖信息网络体系”。[②] 人类已经进入了万物互联的发展阶段，影响到社会生活的各个方面，原有的通信功能已经不再是核心功能，一些专家、学者也在思考未来网络的问题。[③]

四、网络空间技术创新推动了网络空间形态演进

（一）科技创新推动网络空间动态发展

网络空间安全治理的前提是网络空间的形成，因为网络空间自身对技术的依赖性和技术发展的动态化，要求必须要从互动和演进的视角来看待空间的构建过程、形成和发展阶段等，对于网络空间自身的定义和理解，也需要随着技术变化造成的网络空间形态变化而不断进行更新。但是如果因为网络空间的动态性而无法把握，那么网络空间的安全研究也就失去了物质基础。因此有必要再次回到卡斯特的观点，网络空间的

---

① Shane Harris, @ *War*: *The Rise of the Military - Internet Complex*, New York: Houghton Mifflin Harcourt, 2014.

② The White House, “International Strategy for Cyberspace: Prosperity, Security, and Openness in a Networked World,” http://www.whitehouse.gov/sites/default/files/rss_viewer/international_strategy_for_cyberspace.pdf.（上网时间：2014年6月24日）

③ 刘韵洁：《未来网络发展趋势探讨》，《信息通信技术》，2015年第9期，第4—5页。

社会意义在于技术与其他要素之间的互动。所谓互动性，一方面是技术对社会的变革力量，是人类社会在网络空间的扩展、延伸和映射。[①] 另一方面，网络空间也对技术发展造成影响，为技术发展指明方向、提出要求等。实际上，网络空间一直沿着两个方向发展演进：一是与现实社会形成互动；二是技术本身的自发性演进。这两种动力推动着网络空间边界不断扩展。进入21世纪以后，人类进入了万物互联的网络空间新时期，网络已经不再单纯用于通信，而是成为一种与生俱来的生活方式、生产方式和思考方式。这一点，在前文关于网络架构分析的四层架构中是同样发生的，物理世界、社会、人与网络在互动中不断塑造着网络空间，从而对这一动态空间带来了治理的复杂性。

（二）网络空间技术内容不断丰富

互联网经过30多年的发展，经历了通信网络、信息网络和计算网络三个发展阶段。目前随着人工智能技术的成熟，网络空间也在向智能物理空间（CPS）继续演进。[②] 在这个过程中，网络空间的功能发生了异化和拓展，对其他领域的技术、应用和社会运行体系等产生了更广泛的颠覆性影响。互联网最初的设计目的非常明确，就是发明一种军事应急通信，解决核战争期间原有通信体系失效后构建一种新的数据通信渠道。从严格意义上讲，ARPAnet不是互联网，而是一种点对点计算机主机之间通信辅助工具。[③] 20世纪70—80年代，计算机技术和通信技术进一步发展，进入到了信息网络时代，互联互通网络体系开始搭建，这一阶段互联网的优势在于其强大的信息处理能力，尤其是Web页面的成功推广、计算机的小型化、互联网技术的军转民（从实验室走向一般民用科研），使其容纳了人类社会更多的信息，从而真正意义上的互联网开始出现。一直到20世纪90年代末，在美国的带动下，世界各国的信息基

---

① ［美］曼纽尔·卡斯特：《网络社会的崛起》，夏铸九、王志弘等译，北京：社会科学文献出版社，2003年版，第504页。

② 周宏仁：《网络空间的崛起与战略稳定》，《国际展望》，2019年第3期，第21—34页。

③ Janet Abbate, *Inventing the Internet*, Cambridge: MIT Press, 1999, p. 2.

础设施、军事指挥信息系统的网络化都取得了长足进步。第三阶段可以称之为计算的网络，主要是指21世纪以来网络空间技术的发展，真正意义上的网络空间形成也是在这一阶段。在这一阶段，网络的核心是节点上的计算机体系。计算机的计算能力决定了互联网的运行能力，“大数据、人工智能、物联网和云计算”成为新时期网络信息体系的四大技术基础。[①] 互联网不仅是对数据信息进行输送，同时更为重要的在于进行信息计算处理。目前，网络空间已经成为一种全球一体化的复杂巨系统，整个社会的运行实现了网络化，人、机、物都成为这个网络化体系的一分子，网络空间和物理空间深度耦合，物理空间在某种程度上出现了网络化倾向。目前网络信息技术处于其发展的第四个阶段，即智能网络空间阶段，网络空间与物理空间深度耦合，实现了信息互补，最终成为一个整体，实现“数字孪生”的智能物理空间。

（三）网络空间具备时代发展特征

网络信息技术具有划时代意义，这一技术对整个社会运行体系都具有深层次影响，因此对网络空间的研究不能单纯从技术的角度进行分析。从人类技术发展史而言，网络空间应该属于信息化时代非常高级阶段的产物。江泽民曾经对人类历史上几次具有革命性意义的技术变革有过精准的总结，他按照技术变革历史将人类发展划分为四个时代，分别是开端于18世纪中期，以蒸汽机为代表“大机器工业时代”；19世纪后期到20世纪中叶，以电机为代表的电气化时代；20世纪下半叶，以互联网计算机为代表的信息化与工业化融合转变时代。这一阶段被称为第三次工业革命，一直持续至今（参见图4—1）。目前，随着人工智能等新的信息通信技术的融入，人类社会是否进入了新的一轮工业产业革命阶段还未可知，但从目前的技术本质看，这一阶段的技术本质是基于网络信息技术形成的产业变革、社会变革。所谓工业革命，其重要特点是人类社

---

① 周宏仁：《培育数字企业加快数字转型》，《经济日报》，2018年12月6日，第16版。

会生产方式的变革，社会生产力和人类文明方式都发生了重大转变。①

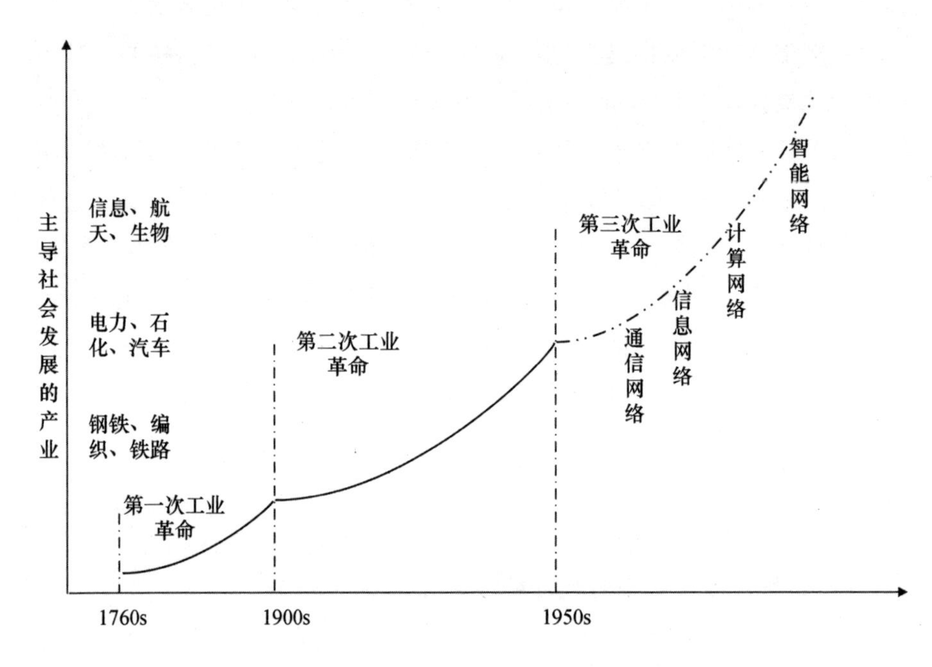

图 4—1　网络空间技术在产业革命进程中的历史方位②

第二节　美国网络空间安全威胁的认知演进分析

一、对美国网络空间安全威胁认知动态演进

认定网络空间威胁是制定网络空间战略的前提。一方面美国的政治、经济和军事等各个方面对网络的依赖越来越强；另一方面，美国的对手利用网络空间的能力不断提升，给美国网络空间安全治理带来挑战。网络空间成为国家安全威胁，要求美国必须要从国家战略层面来进行部署，

① 江泽民：《新时期我国信息技术产业的发展》，《上海交通大学学报》，2008 年第 10 期，第 1589—1607 页。

② 同上。

统筹资源力量，实现军民协同。美国网络空间安全化的构建大致经历了几届政府的努力，对网络空间安全威胁的认知经历了一个漫长的过程，这主要是技术进步的因素。从计算机安全、互联网安全、网络空间安全到国家安全，虽然这几个概念并非后者取代前者，而是一种范围不断扩大的水波状态（参见图4—2），但是其出现和使用的频率却体现了美国对网络空间威胁重心的认知变化。

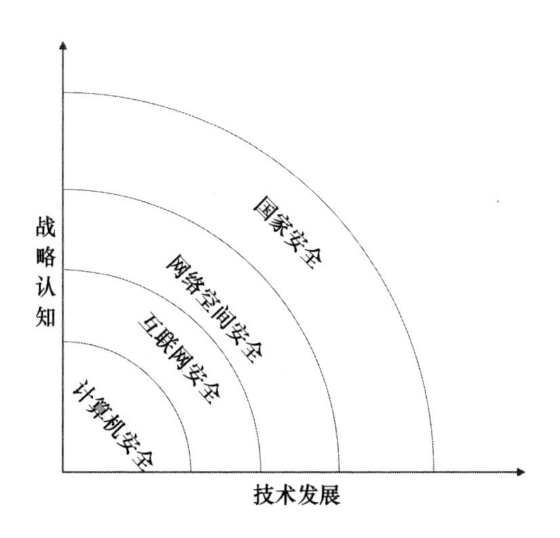

图4—2　美国网络空间安全威胁认知历程

随着信息技术的进步，网络空间已经发展成为一个相对独立的新型战略空间和经济社会运行空间，与现实空间的经济、政治、社会、军事等各个层面日益深度融合，成为名副其实的社会运转“神经体系”，但也成为各类国家安全威胁发生的敏感领域。美国是网络空间最为发达的国家，但也是网络空间面临威胁最为严峻的国家。一方面，美国网络空间体系面临着严重的威胁。除了军事通信网络之外，美国100多个联邦政府部门都有自己管理的网络，而网络设备、直接用户更是数不胜数，这些网络维系着美国政府的日常运行、内部通信，存储大量美国人的私人数据，“网络对国外情报部门和网络空间中其他恶意行动者有着很强的吸引力。联邦政府网络所面临的威胁程度是任何部门都无法与之相提并论的”。[①] 另一方面，网络空间对物理空间现实世界深度影响。网络空间与现实世界的深度融合，使网络问题社会化和社会问题网络化的趋势越来越明显。对于网络空间的威胁，既有对网络空间自身的弱点，也有利用网络空间波及整个国家安全的威胁和挑战。时任美国国家情报总监丹尼斯·布莱尔（Dennis Blair）在国会作证时曾经指出：“网络信息系统和其他国家基础设施深度融合，成为攻击者破坏美国关键基础设施的重要途径。”[②] 如前对网络空间的体系分析，网络空间的威胁也存在于构成网络空间的各个层面。

早在1976年，美国军事理论家托马斯·罗纳（Thomas P. Rona）在《武器体系与信息战争》（*Weapon Systems and Information War*）[③] 研究报告中就首次使用了“信息战争”（information war）一词。1985年，美国助理国防部长莱瑟姆更进一步指出：“人类进入信息社会以后，信息将成为衡量财富的标准，也成为战争制胜的绝对性因素。”[④] 20世纪80年代末期，计算机病毒开始出现，学者迈伦克莱默和史蒂芬·普拉特认为：“计算机病毒对抗”（computer virus countermeasures）[⑤] 将会成为一种新型战争形态，影响国家间冲突对抗方式。1988年，“莫里斯蠕虫病毒”的

---

① Kate Charlet, “Understanding Federal Cybersecurity,” https://www.belfercenter.org/sites/default/files/files/publication/Understanding%20Federal%20Cybersecurity%2004-2018_0.pdf.（上网时间：2018年4月17日）

② John Rollins&Anna C. Henning, “Comprehensive National Cybersecurity Initiative: Legal Authorities and Policy Considerations,” Congressional Research Service, 7-5700, https://obamawhitehouse.archives.gov/files/documents/cyber/Congressional%20Research%20Service%20-%20CNCI%20-%20Legal%20Authorities%20and%20Policy%20Considerations%20%28March%202009%29.pdf, p.4.（上网时间：2009年3月10日）

③ Thomas P. Rona, “Weapon Systems and Information War,” https://www.esd.whs.mil/Portals/54/Documents/FOID/Reading%20Room/Science_and_Technology/09-F-0070-Weapon-Systems-and-Information-War.pdf.（上网时间：2019年12月1日）

④ 李辉光：《美军信息作战与信息化建设》，北京：军事科学出版社，2004年版，第45页。

⑤ Myron L. Cramer, Stephen R. Pratt, “Computer Virus Countermeasures - A New Type of Electronic Warfare,” *Defense Electronics*, *October* 1989. https://www.researchgate.net/publication/262325127_Computer_virus_countermeasures-a_new_type_of_electronic_warfare?_sg=6Iba56iC6OQfcQ2BIXVbmTeHApMioa96ZLCOBAzYqfMnqUJvUNyZc-HB3xmQzH97pyPVZrGyPX_6FLM.（上网时间：2020年4月23日）

出现震惊世界，也让原本没有考虑安全因素的互联网发展陷入了争议之中。在此之前，美国主要关注点是计算机硬件的可靠性、个人隐私信息的保护等，使用的是“计算机战”[①] 术语。而计算机病毒的诞生，让美国开始对计算机威胁的关注从硬件转向了软件体系。

20 世纪 90 年代，美苏对抗的冷战结束，信息技术扩散的政治阻碍不在，网络空间全球化为“地球村”带来了契机，为网络力量在全世界范围内的形成创造了重要条件，也为各种威胁行为体提供了机会。1991 年，海湾战争爆发，在战争中美军首次使用了信息化技术，颠覆了人们对战争的认知，甚至有学者惊呼“人类已经进入信息时代，基于信息技术的信息化战争已经到来”。[②] 在这次战争中，美国军事人员将一套病毒芯片植入了伊拉克军方使用的打印机，然后就造成了伊拉克防空体系的瘫痪，致使多国部队的空中力量如入无人之地，伊拉克空军遭遇了灭顶之灾。通过这次实战检验，美军更加坚定了信息化发展的道路。其后 1999 年科索沃战争、2000 年巴以冲突，网络空间技术都发挥了重要作用；而在阿富汗战争、击毙本·拉登重大军事行动中，美军网络化作战优势凸显。正是因为美国深知网络信息技术对于战争的作用，因此也深知其利害关系。克林顿在 1996 年 7 月发布的第 13010 号行政命令就提出，美国关键基础设施面临的威胁不仅来自物理方面（Physical Threats），也包括对控制关键基础设施的信息或通信网络体系的威胁（Cyber Threats）。[③] 更为严重的是，这种威胁具有长期性和隐蔽性，一种病毒可能潜伏多年而不被发现。2011 年发布的《四年防务评估》指出：“对美国的攻击和我们遭受的战争凸显了我们所处环境基本态势：我们将无法知道我们的国家利益将面临怎么样的威胁，我们也不知道如何对可能的攻击作出防御，美国人的生命随时随地都可能受到外来入侵的威胁。”[④]

---

① 姚有志：《20 世纪战略理论遗产》，北京：军事科学出版社，2001 年版，第 257 页。

② Alan D. Campen, *The First Information War*, AFCEA International Press, 1992, p. 3.

③ Executive Order 13010, “Critical Infrastructure Protection,” https://fas.org/irp/offdocs/eo13010.htm.（上网时间：1996 年 7 月 15 日）

④ US Department of Defense, “*Quadrennial Defense Review Report*,” Washington, D. C, https://archive.defense.gov/pubs/qdr2001.pdf.（上网时间：2001 年 9 月 16 日）

因此，小布什政府虽然被“反恐”任务主导，但是小布什政府在网络空间安全方面也取得了重要进展，特别是在法律制度建设方面，几乎影响了后续两任总统在网络空间的战略布局。

2009 年 2 月，奥巴马就任总统后，立即开展并发布了《网络空间政策评估报告》，明确提出“网络空间领域的风险是 21 世纪美国面临最严峻的经济挑战和国家安全挑战”。[①] 为应对这种威胁挑战，美国在战略中也开始采取了相应的反制措施，2011 年 5 月美国发布的《网络空间国际战略》宣称：“美国政府为了维护关键的网络空间资产，将使用一切可能的手段，甚至在必要的时候动用武力来对网络空间的敌对行为作出反应。”[②] 这种针对发生在虚拟世界的安全威胁动用常规武力反制，充分说明了美国对网络空间安全威胁严峻程度的认知。2013 年 3 月 12 日，美国公布了《美国情报界全球威胁评估报告》，认为美国面临的网络空间威胁主要有两类：网络攻击和网络间谍行为，“这两类行为在某种程度了甚至超过了恐怖主义对美国的威胁，尤为特别的是网络空间带来的安全威胁具有非对称性”。[③] 美国皮尤研究中心在 2014 年曾经做过一次调研显示，美国人将网络攻击视为仅次于极端主义的外部威胁。[④] 实际上，直至奥巴马时期，美国对网络空间威胁的认知是一种工具性的，即把网络空间视为一种技术性工具。

特朗普时期针对网络空间安全威胁，美国的政策措施更具进攻性。特朗普时期，美国认为网络空间威胁已经成为美国繁荣和发展的威胁。这就意味着网络空间不仅是一种技术工具存在，也不仅是一种威胁的存

---

① The White House, “Cyberspace Policy Review” https://obamawhitehouse.archives.gov/cyberreview/documents/.（上网时间：2009 年 12 月 14 日）

② The White House, “International Strategy for Cyberspace,” http://www.whitehouse.gov/sites/default/files/rss_viewer/international_strategy_for_cyberspace.pdf.（上网时间：2011 年 5 月 16 日）

③ James R. Clapper, “Worldwide Threat Assessment of the US Intelligence Community,” https://csis-prod.s3.amazonaws.com/s3fs-public/legacy_files/files/publication/60396rpt_cybercrime-cost_0713_ph4_0.pdf.（上网时间：2016 年 5 月 13 日）

④ BRUCE STOKES, “Extremists, cyber-attacks top Americans' security threat list” http://www.pewresearch.org/fact-tank/2014/01/02/americans-see-extremists-cyber-attacks-as-major-threats-to-the-u-s/.（上网时间：2014 年 4 月 2 日）

在，而是一个涉及国家生存的威胁。如 2018 年《国家网络战略》所述："美国网络空间面临新的威胁和战略竞争，因此必须提出新的网络战略，应对各类新情况、降低美国的脆弱性、对敌形成威慑、确保美国繁荣。"① 要求联邦政府和私营部门之间能够协同推进技术进步，高效管理。2017 年 1 月，美国战略与国际问题研究中心发布的研究报告《从感知到行动：第 45 任总统的网络安全议程》，对后来特朗普政府的网络空间的安全政策具有重要影响，报告认为美国要解决网络空间的安全挑战面临三大难题：一是美国对网络空间技术的高度依赖；二是网络空间共同应对威胁的合作机制尚未建立；三是网络空间对某些国家带来的政治、经济和军事收益，他们不愿意实施网络军控。② 因此，面对如此严峻的网络空间威胁，美国必须加强内部公私部门之间、军民之间以及社会公众之间的协同。

二、网络空间安全威胁认知影响国家安全战略

网络空间安全威胁态势的变化，会对各国的网络空间认知形成压力，迫使各国重新认识网络空间安全的内涵与外延，反思现有政策与机制。国家网络空间安全治理，一方面要不断完善网络基础设施存在的各种漏洞，实现体系自身的成长；另一方面还需要从治理层面抓好本国能力建设③，做好体系内要素的协调。威胁认知实际上属于美国对其外部安全环境的一种认识，对美国如何认知网络空间威胁的分析是研究网络空间安全战略变革的重要要素。在美国国家安全战略文化中，威胁认知是非常重要的内容，它不仅是对客观安全环境的冷静认识，同时也是美国政

---

① The White House，National Cyber Strategy，https：//www. whitehouse. gov/wp – content/uploads/2018/09/National – Cyber – Strategy. pdf.（上网时间：2018 年 9 月 18 日）

② Sheldon Whitehouse，Michael McCaul，etc.，"From Awareness to Action：A Cybersecurity Agenda for the 45th President，" https：//csis – prod. s3. amazonaws. com/s3fs – public/publication/170110_Lewis_CyberRecommendationsNextAdministration_Web. pdf.（上网时间：2019 年 4 月 15 日）

③ 中国现代国际关系研究院：《国际战略与安全形势评估（2018/2019）》，北京：时事出版社，2019 年版，第 404 页。

府凝聚美国人心从而达到一致对外的目的的作用。哈佛大学著名国际关系学者约瑟夫·奈分析认为，网络空间是一种重要的国家力量，如同传统军事力量一样，它重要的应用是外向性的。[①] 所谓的外向性就是对外部威胁做出适当的反应，对外部施展力量。为了维持美国自身的优势地位，保证国家安全战略目标的实现，美国常常不遗余力地构建外部敌人、有意夸大威胁，利用危机来凝聚国内和国际盟友力量，通过应对这些威胁提出应对目标和举措机会来进行资源配置。因此，对网络空间威胁的认知程度是美国制定网络空间安全战略的逻辑起点，在此有必要做一简要分析。

网络空间发展演变为影响国家安全和经济发展的重要领域，是在技术和市场双重力量的推动下完成的。但与此同时，网络空间也成为美国国家安全新的威胁来源，这一点在美国的安全战略体系中一直都得到了强调。从美国近期的国家安全战略性政策文件中可以看出，美国对自身威胁一直有比较清晰的认知甚至刻意强调。美国联邦调查局前局长罗伯特·穆勒对网络空间带来的威胁有比较精辟的比喻："罗马帝国在兴盛时期，为了进入罗马的方便显示实力，以罗马为中心修建了多条通向罗马的大道，总长度超过了5.2万英里。本意是方便罗马人快速进出，但是最终这些大道却给罗马自身带来了灭顶之灾，加速了罗马的灭亡。因为这些大道导致'侵略者毫无阻拦地直达罗马城下'。"[②] 互联网技术就如同电子信息时代的罗马大道，它将美国的权力影响力带到了世界各个角落，但同时也为各类行为者进入美国提供了便捷通道。一些行为体利用信息技术的破坏性，谋求政治、经济利益，甚至为国家获取经济和军事领域的优势地位，给国家安全也带来了新的威胁和挑战。美国著名军事预测学家詹姆斯·亚当斯（James Adams）也曾预言："计算机已经成为未来战争中的武器，网络空间的字节代替了炮弹和子弹，成为夺取战争

---

① 蔡翠红：《美国网络空间先发制人战略的构建及其影响》，《国际问题研究》，2014年第1期，第40—53页。

② John P. Carlin, "Detect, Disrupt, Deter: A Whole - of - Government Approach to National Security Cyber Threats," *Harvard National Security Journal*, 2016 (7), pp. 393 - 436.

控制权的武器。在未来的网络空间作战中，鼠标比导弹更强大，每一个芯片都成为一架重型轰炸机。"① 对这种威胁和挑战的充分认知是美国网络空间战略变革的重要理由，也是国家安全战略布局的重要内容。"网络珍珠港""在线9/11"② 等论断都意在说明，"网络空间安全威胁是当前国家政治、社会和经济领域中所面临的最为严重的挑战之一"。③ 美国网络空间安全战略的发展变化历程，严格意义上看就是对这种外部危机做出的回应。

三、网络空间安全威胁影响国家安全的不同层面

对于国家安全而言，网络空间安全威胁主要在以下层面（参见图4—3）。

第一，对网络空间基础设施构成威胁。2007 年美国的一份智库报告指出：美国国务院、国防部、商务部等多个联邦政府部门都在经受着来自未知外国实体的严重攻击。④ 2011 年 5 月 23 日，美国国防部主管网络政策的副助理部长罗伯特·J. 巴特勒提出："美国联邦政府各个部门和国会的机构每个月遭遇的网络攻击高达 18 亿次，这些攻击已经显示出，敌对力量已经具备了对美国关键基础设施进行大规模网络攻击的能力。"⑤ 参议院发布的一份报告显示，因为防范网络攻击，美国为保护联邦政府

① ［美］詹姆斯·亚当斯著：《下一场世界战争》（内部发行），军事科学院外国军事研究部译，北京：军事科学出版社，2000 年版。

② 程群：《奥巴马政府的网络安全战略分析》，《现代国际关系》，2010 年第 1 期，第 8—13 页。

③ The White House, "National Security Strategy," http: //nssarchive. us/NSSR/2010. pdf. （上网时间：2010 年 10 月 12 日）

④ Stephen W. Korns, "Cyber Operations: The New Balance," Joint Force Quarterly, Issue 54, 3rd quarter 2009, p. 99.

⑤ Pentagon to Help Protect U. S. Cyber Assets, Infrastructure, http: //www. Homelandsecuritynewswire. com/pentagon – help – protect – us – cyber – assets – infrastructure. （上网时间：2011 年 6 月 11 日）

图 4—3 美国网络空间安全面临的威胁层次分析

网络的成本高达 170 亿美元。[①] 随着这些攻击技术的发展演进，攻击者甚至还能够对物理设备造成损毁。曾经任美国联邦调查局常务助理局长、现今在克劳德·司特莱克公司（一家网络安全企业）任总裁的肖恩·亨利（Shawn Henry）透漏："2014 年索尼电影公司遭受的网络攻击不仅造成了信息丢失，同时还出现了对硬件的攻击，造成了物理设备的损毁。"[②]

对网络基础设施造成的威胁主要源自三个方面：一是因为技术和设计等原因导致网络空间自身存在的缺陷，例如各种计算机系统漏洞。这类威胁是网络空间信息系统设计之初就存在的漏洞和不足，应对措施也只能是被动防御、及早发现并采取应对举措。二是恶意行为体出于各种目的的有意破坏行为，如编写计算机病毒、在系统中植入木马等行为，都可能对网络空间的关键基础设施和运行程序造成破坏，影响网络空间

① Stephen W. Korns, "Cyber Operations: The New Balance," *Joint Force Quarterly*, Issue 54, 3rd quarter 2009, p. 99. https://www.questia.com/magazine/1G1 – 201712340/cyber – operations – the – new – balance.（上网时间：2009 年 10 月 11 日）

② Evan Perez, "U. S. Official Blames Russia for Power Grid Attack in Ukraine," http://www.cnn.com/2016/02/11/politics/ukraine – power – grid – attack – russia – us/.（上网时间：2016 年 2 月 11 日）

的正常运行。三是对网络空间的基础设施造成威胁的行为体互动交流体制，例如网络军备竞赛等。这三类威胁都可能对网络空间整体造成系统性破坏，威胁网络空间的正常运作和体系的完整性。这类威胁是网络空间技术安全的主要研究领域。

第二，对网络空间的信息数据构成威胁。信息与数据是网络空间的“石油”，成为网络空间权力斗争的重要资源，这种观点已经被广泛接受。因此，信息数据对一些黑客个人有特别的吸引力，目前的黑客行为已经由个人的偶然行为演变为大规模的有组织行为。调查显示，在2005年前后网络黑客行为约80%的参与者是个人；而到了2014年前后，80%的参与者变成了组织。[①] 特别是数据盗窃行为水平逐步提高，数据泄露成为网络空间安全的难解之痛，数据市场越来越活跃，甚至形成了一种潜在的产业。网络空间数据威胁主要有三种形式：数据的完整性、可用性和保密性。对信息数据不仅是盗窃，还存在破坏，不仅是经济犯罪，而且涉及军事领域，网络空间安全漏洞成为美国军事力量优势的“阿卡琉斯之踵”。[②] 2015年11月，黑客劫持了超过5.4万个推特账户，并在线泄露了受害者的个人信息，受害者不仅包括普通美国公民，而且还涉及美国中央情报局、联邦调查局和国家安全机构的高级官员。[③]

另外特别值得注意，尽管美国网络空间安全面临严重威胁，但美国同时也是网络空间信息资源的霸权国，并积极利用技术手段获取他国信息数据。早在二战前后，美国就已经开发了“三叶草”“尖塔”项目，对电报电话体系实施监听并存档。20世纪60年代，美国利用先进的信

① Lillian Ablon, Martin C. Libicki and Andrea A. Golay, “Markets for Cybercrime Tools and Stolen Data: Hackers' Bazaar,” http://www.rand.org/pubs/research_reports/RR610.html.（上网时间：2014年3月25日）

② Defense Science Board（DSB），“Defense Imperatives for the New Administration,” http://www.acq.osd.mil/dsb/reports/2008-11-Defense Imperatives.pdf.（上网时间：2008年8月9日）

③ Jake Burman, “Terror alert as Islamic State's ‘cyber caliphate’ hacks more than 54,000 Twitter accounts,” https://www.express.co.uk/news/world/617977/ISIS-Cyber-Caliphate-Hack-Twitter-Saudi-Arabia-Britain-Terror-Tony-McDowell-Junaid-Hussain.（上网时间：2015年11月9日）.

息技术开发了“梯队”体系，用于搜集各类信号情报。随着网络信息技术的成熟，美国网络空间情报获取能力更为强大，比如2013年公之于众的“棱镜计划”，就显示了美国强大的网络空间情报获取能力。2018年爆发的“勒索”病毒，在初始的四天时间就波及116个国家，受害者超过25万人。互联网上有消息猜测，这种病毒来自美国国家安全局（军方），民间是无法抵抗的。[①]

第三，对军事通信指挥体系构成威胁。美军是互联网技术的发起者，也是世界上对网络信息技术开发利用最为充分的国家。从1991年第一次海湾战争，到本世纪初的阿富汗战争，美军将先进的网络信息技术不仅用于通信，而且维持了战争机器的运行，如同人的神经体系，美国的网络信息系统深入到其每一个作战单位甚至是个体士兵。但是这种对网络的高度依赖也给美国带来了致命的缺陷。在1999年科索沃战争中，以美国为首的北约遭遇了来自南联盟的网络攻击，甚至造成了“尼米兹”号航空母舰指挥控制体系瘫痪的重大军事安全事件。[②] 目前维持美国全球指挥控制的“全球信息栅格”（GIG），集成了互联网、电话、视频会议等网络功能，可以为所有军事用户提供各种保密或非保密的语音、视频与数据传输服务。但随着各类完全不同、不兼容的信息技术（IT）能力的扩散，GIG已经成为一种异常复杂、规模庞大且容易受到攻击的通信网络，经济上也承受着巨大的维持压力。[③] 为缓解这种威胁压力，美军于2012年再次启动了“联合信息环境”计划，被称为美军的“信息技术现代化”项目。

第四，对国家关键基础设施的威胁。美国国土安全部将16个基础设施部门指定为关键（总统政策指令21）基础设施，包括能源、核能和交通运输。它们被认为是至关重要的，以至任何入侵、停机或损坏都可能

---

① 《军用级的网络战武器，民间毫无抵抗力》，https://www.sohu.com/a/145122629_260616.（上网时间：2017年6月1日）

② 程群：《美国网络安全战略分析》，《太平洋学报》，2010年第7期，第72—82页。

③ 计宏亮、赵楠：《解读美军联合信息环境计划》，《国防科技》，2015年第5期，第95—101、105页。

对网络安全、国家经济安全、国家公共卫生安全或其任何组合产生破坏性影响。许多部门由监控和数据采集系统（SCADA）控制。SCADA 系统通常控制诸如电网和核反应堆之类的东西。与人们通常与之交互的大多数计算机系统相比，SCADA 系统使用不同的计算语言和协议。由于监控和数据采集系统在西方国家的基础设施中广泛使用，对该体系的攻击不仅在虚拟世界而且在现实世界都会产生影响。① 美国和俄罗斯之间的网络对抗越来越多地转向关键的民用基础设施，特别是电网。② 2003 年 8 月、2005 年 9 月，美国东北部和加拿大部分地区、美国西部最大城市洛杉矶都先后发生大范围停电事件，结果造成机场、核反应堆暂时关闭，银行停业等，后来发现是因为维持这些体系运行的网络信息系统受到破坏所致。③ 2019 年，美国安全研究中心波耐蒙研究所（Ponemon）对 701 家关键基础设施进行了数据研究，发现高达 90% 的公司在过去两年内遭遇了至少 1 次的网络攻击。④

第五，对国家政权稳定的威胁。在常见的网络犯罪和网络战争之间，更可能发生三种危及国家政权的网络威胁：颠覆、间谍和破坏。威胁政权稳定的主要形式为利用网络平台进行宣传、招募、联络、筹资和组织等支持性活动，颠覆国家政权，扰乱社会秩序。目前尤为猖獗的恐怖组织，就经常利用网络空间技术对美国实施颠覆性行为。2015 年 6 月，英国一名极端伊斯兰分子在网上对一名美国华盛顿州的年轻女子进行动员，

---

① Phillip W. Brunst, "Use of the Internet by Terrorists: A Threat Analysis," *Centre of Excellence Defence Against Terrorism*, *ed*, *Responses to Cyber Terrorism*, Amsterdam: IOS Press, 2008, p. 42.

② Joe Cheravitch, "Cyber Threats from the U. S. and Russia Are Now Focusing on Civilian Infrastructure," https: //www. rand. org/blog/2019/07/cyber – threats – from – the – us – and – russia – are – now – focusing. html.（上网时间：2019 年 7 月 23 日）

③ Cyberspace Policy Review, "Assuring a Trusted and Resilient Information and Communications Infrastructure," http: //www. whitehouse. gov/assets/documents/Cyberspace Policy Review final. pdf.（上网时间：2009 年 4 月 18 日）

④ Ponemon Report, "Critical Infrastructure Organizations Suffer Multiple Cyber Attacks," https: //www. hstoday. us/reports – of – interest/ponemon – report – critical – infrastructure – organizations – suffer – multiple – cyber – attacks/.（上网时间：2019 年 4 月 9 日）

劝说她去叙利亚参加恐怖组织。[①] 这种利用网络空间来进行恐怖分子招募行为，较之传统的战争动员行为更加隐秘。数字时代已经永久性地改变了国家进行政治战争的方式。国家和非国家行为者利用网络空间来制造恐慌，鼓励暴力扩散并挑战国家的主权和价值观，破坏政权稳定。随着机器学习的发展和诸如“深度伪造”之类的数字工具的出现，这种新的数字化政治战争给现代国家带来的挑战将越来越大。

四、美国应对网络空间安全威胁主要举措

为研究方便，本书将网络空间威胁的来源简化为两个：一是技术，二是应用。[②] 美国联邦政府的应对举措实际上也是在这两个层面展开的。国家和非国家行为体的攻击目标在网络空间实际上很难区分军或民，包括美国公民、商业、关键基础设施和政府，这些都可能成为网络空间威胁的目标，一旦遭遇攻击都可能使得美国的经济竞争力优势和军事技术优势面临丧失的危险。网络安全战略旨在保护信息数据的完整性、机密性和可用性（ICA）。从宏观上看，完整的网络空间安全战略应该包括风险管理、威胁管理、事件管理和访问管理等，具体包括以下几个方面。

第一，加强对网络空间安全事务的协调管理。自从克林顿政府的第63号总统令（PDD－63）发布以来，关于网络空间的叙事中，一方面强调威胁存在，另一方面反复强调单一联邦政府职能部门无法保障美国关键基础设施的安全，必须综合所有机构、企业、组织和公民个人力量，形成“整体网络空间安全”，做到全面参与、攻防结合、军民协同。[③]

第二，先声夺人通过制定战略与发布政策争取话语权。美国先后发

---

① Rukmini Callimachi, “ISIS and the Lonely Young American,” The New York Times, June 27, 2015, http://www.nytimes.com/2015/06/28/world/americas/isis-online-recruiting-american.html?_r=0.（上网时间：2015年6月27日）

② Gary McGraw, “Cyber War Is Inevitable (Unless We Build Security In),” *The Journal of Strategic Studies*, Vol. 36, No. 1, 2013, p. 109.

③ 周季礼、宋文颖：《美国推动军民网络融合发展的主要做法与举措》，《中国信息安全》，2015年第7期，第76—81页。

布了一系列与网络空间安全相关的战略文件，包括国家安全战略、网络空间安全战略、国防战略、军事战略、部门（国防部、国土安全部）战略、具体研发计划等。这些政策一方面为国内网络空间安全治理协调了关系，同时也是对外显示权力的手段。

第三，攻防结合研发战略性网络空间武器。美国确实是网络攻击的主要来源。2017 年，美国中央情报局黑客工具被公布在“维基解密”上，这些黑客工具已经被用于发动针对 16 个国家的至少 40 起网络攻击。① 另一次是黑客组织在网上公开拍卖从美国国家安全局获取的体系漏洞分析文档和网络攻击工具，一些工具和文档还被发布在“维基解密”网站上。黑客组织拿到代码后，对其进行了简单的封装，就发动了一场席卷全球的网络风暴。②

第四，未雨绸缪加强网络空间预警探测。美国保持了强大的网络空间情报获取能力，通过“爱因斯坦 3 计划”的推进，美军已经具备了全球网络空间布控能力。

第三节 美国网络空间安全治理军民协同战略进程

技术发展改变了社会基础的物质形态，同时也触发了社会治理方式的变革。当技术发展到一定程度之后，社会治理方式和运行方式也就必然会发生相应的变化。网络空间基于互联网技术的深度发展，最后成为影响到整个社会运行甚至国际体系变化的使能性技术，也经历了美国政府四任总统的谋划与战略推动，在战略布局上经历了军民共建、共同防

① WikiLeaks releases, “Entire Hacking Capacity of the CIA,” https：//www. foxnews. com/us/wikileaks - releases - entire - hacking - capacity - of - the - cia.（上网时间：2017 年 3 月 7 日）

② WikiLeaks releases, “Wikileaks - Says - It - Has - Obtained - Trove - Of - CIA - Hacking - Tools,” https：//www. washingtonpost. com/world/national - security/wikileaks - says - it - has - obtained - trove - of - cia - hacking - tools/2017/03/07/c8c50c5c - 0345 - 11e7 - b1e9 - a05d3c21f7cf_story. html.（上网时间：2017 年 3 月 17 日）

御、权力塑造三个阶段。战略体系的整体性布局，是美国网络空间安全治理军民协同的重要特点。

一、第一阶段：网络空间基础设施建设（克林顿政府时期）

互联网技术在20世纪80年代走出实验室，在克林顿政府时期被视为振兴经济发展、壮大军事能力的核心要素。美国联邦政府在国家层面布局互联网技术发展，在战略上进行全局规划、军民并进、形成合力，奠定了今天网络空间繁荣发展的基础。

冷战结束初期，美国经济增长乏力，联邦政府科研投资58%投向了国防领域，而不是直接投资于可以促进经济增长、创造就业机会、改善教育水平和保护环境的研究领域，在信息技术方面缺乏体系性科研计划。[①] 为此，克林顿政府从战略规模、机构设施、技术基础推进方面都进行了积极筹划，提出了以信息技术核心重振美国经济的发展理念，先后通过第13010号行政命令（E.0.13010）、第63号总统令（PPD-63，《关于保护美国关键基础设施的总统指令》）、《总统国家安全战略报告（2000）》等战略文件，对网络空间基础设施建设进行设计、规划。在克林顿政府时期，互联网技术刚刚进入商业市场，对整个社会的影响都是作为一种新生事物，未来发展格局完全是未知的。但是克林顿政府把握了机遇，在管理机构方面增设“关键基础设施保护委员会”，作为跨部门的协调机构推进互联网技术的发展，同时设立“21世纪研究基金”增加技术投入，开展“国家信息基础设施计划”（NII）、“国际空间站计划”（ISS）、“国家纳米技术计划”（NNI）、“人类基因组计划”（HGP）等一系列基础设施建设，提出了“数字地球”概念并积极布局下一代互联网技术，这些具体的行动技术规划对整个网络空间的演进都起到了重要牵引作用。

---

① “The Clinton Presidency：Unleashing the New Economy — Expanding Access to Technology，” https：//clintonwhitehouse5. archives. gov/WH/Accomplishments/eightyears - 09. html. （上网时间：2009年9月）

另外，克林顿政府还颁布了推动互联网市场化、促进电子信息产业整合的《电信改革法案》，拓展网上资源的《电子信息自由法》《国家信息基础设施保护法》等法律法规；维护网络空间安全的《信息保障技术框架》《信息系统保护国家计划》等，真正为网络空间的健康发展保驾护航。克林顿政府在大力支持互联网应用商业化的同时，也加强了国防信息基础设施建设，1992年开始了“武士 C^4I”计划，1993年开始“国防信息基础设施计划”（DII），随后不久即启动了“全球信息栅格体系”（GIG）建设项目。这些计划大部分都采用了军民一体化的运作方式，绝大多数具体工程都是由军方设计管理，通过军民一体化的军工企业和相关配套厂商完成的。

克林顿政府时期处于网络信息技术军转民的关键阶段，因此战略重心是关键信息基础设施建设，通过强化基础来实现体系发展。从安全治理的视角来看属于被动防御。在此期间，冷战刚刚结束，美国的国家安全环境经历了较长的和平时期，几乎没有影响到美国国家安全的外部压力，因此得以一心一意搞建设。克林顿政府的这种潜心建设，为美国网络空间基础能力强化奠定了基础，也塑造了全球的网络空间形态。对美国经济发展、战斗力提升都起到了极大的作用。有调查显示，“1995—1998年期间，信息技术对美国经济增长的实际贡献率超过了35%”。[①]“信息产业一度成为美国第一大产业，占美国内生产总值的8%以上”。[②]美国智库研究机构新美国安全研究中心（CNAS）2011年发布的《美国网络展望：信息时代安全与繁荣的基石》报告，认为网络信息技术为美国GDP做出的贡献高达人均每年6500美元。[③] 与此同时，美军主导推进的“全球信息栅格”通信指控体系稳步发展，很快形成了战斗力，成为美国后来提出的“全球警戒、全球到达、全球力量”作战思想的基础。

① 邬贺铨：《通信技术产业化前景》，引自中国科学院编：《2000高技术发展报告》，北京：科学出版社，2000年版，第204页。

② 罗晖：《美国总统的科技观与科技政策（三）——促进经济恢复与增长的科技政策》，《全球科技经济瞭望》，2009年第4期，第48—53页。

③ Kristin M. Lord and Travis Sharp ed.,“America's Cyber Future: Security and Prosperity in the Information Age,” *Report of the Center for New American Security*, June 2011, p. 22.

这一时期，军民协同发展、军民协同进步在技术产业层得到了完美的执行[①]，也为网络空间体系的形成奠定了基础。

二、第二阶段：网络空间安全能力建设（小布什政府时期）

2001年突发的“9·11”事件对久居和平环境的美国人民带来了前所未有的震动，也对美国网络空间发展战略产生了深层次影响，甚至改变了美国长期以来的安全思维，让美国感觉到在互联网时代，他们所享受的天然“安全边疆保障”可能已经发生了动摇。[②] 这种外部体系发生的事件输入到国内，形成了对美国国内网络空间安全的体系性压力，更对美国网络空间安全思维产生了深远影响，美国整个网络空间安全战略体系、管理架构、基础能力建设都开始做出体系性重构。

2002年，小布什政府发布关于国家安全的“第16号总统令”，提出“美国国防部负责协同中央情报局、联邦调查局和国家安全局等政府机构，论证并编制美国国家网络空间战略”[③]，并提议由美国军方成立一支由专业人士组成的网络空间作战部队（这一战略构想直到奥巴马时期才成为现实）。[④] 2003年2月，美国颁布《确保网络空间安全国家战略》，成为第一部正式的国家网络空间安全战略，网络空间安全进入国家安全整体战略视野。在这份战略文件中，美国首次提到了“制信息权”。[⑤] 2005年3月，美国国防部发布《国防战略报告》，明确将“网络空间与陆、海、空和太空定义为同等重要的第五作战域、需要美国维持军事上

---

① Office Of Technology Assessment, Assessing the Potential for Civil - Military Integration: Technologies, Processes, and Practices, 1994. https://www.princeton.edu/~ota/disk1/1994/9402/9402.PDF.（上网时间：1994年9月14日）

② 蔡翠红：《美国国家信息安全战略》，上海：学林出版社，2009年版，第38—40页。

③ Bradley Graham, “Bush Orders Guidelines for Cyber - Warfare: Rules for Attacking Enemy Computers Prepared as U. S. Weighs Iraq Options,” https://web.stanford.edu/class/msande91si/www-spr04/readings/week5/bush_guidelines.html.（上网时间：2003年2月7日）

④ Ibid..

⑤ Joseph S. Nye, Jr, “Get Smart,” *Foreign Affairs*, 2009, 88 (4), pp. 160 - 165.

决定性优势”[①]，“网络战”一词由此正式进入美国官方文件。紧随其后，小布什政府期间又先后出台了《关键基础设施和重要资产的物理保护国家战略》《网络空间作战国家军事战略》《联合网络中心战役计划》《四年防务评估报告》等多部战略性文件，强化网络空间在国家安全战略中的独立地位，并提出了“确保绝对优势”[②] 的发展战略目标。

小布什政府时期较克林顿政府时期具备了更为成熟的网络空间安全治理条件，在治理机构进行了更全面布局。2001 年，小布什上任初期就颁布了第 13231 号行政命令（E. 0. 13231，《信息时代的关键基础设施保护》），将克林顿政府时期设立的“关键基础设施保护委员会”升格为“总统关键基础设施保护理事会”（PCIPB），其主席同时兼任“网络空间安全总统特别顾问”，组成人员为部长级官员[③]，从而让网络空间基础设施安全成为政府部门（包括国防部）的重要职能，军民主管部门在同一个委员会指导下协同配合，顺畅沟通。2002 年 11 月 25 日，《国土安全法》正式生效，美国联邦政府机构做出冷战以来最大规模的调整，成立国土安全部。尽管国土安全部建立之初并没有将网络空间安全作为主要职能，但是依然具有协调联邦政府和私营部门之间关系，建立伙伴关系框架、分享威胁情报、协同保护关键基础设施的支撑。鉴于网络空间安全并不是国土安全部的核心职能，而同时网络空间具有现实的需求。因此在国土安全部成立后不久，小布什政府又进一步通过发布第 7 号国土安全总统令（HSPD－7），明确由国土安全部全面负责保护联邦政府网络空间基础设施。

小布什政府时期也是美国网络空间安全法律出台比较密集的时期，对网络空间安全治理的法制化建设取得了重要进展，这也反映出美国立法受重大事件影响的特点。除《国土安全法》外，小布什政府还发布了

---

① Department of Defense, “National Defense Strategy of the United States of America,” https://www.hsdl.org/?abstract&did=452255.（上网时间：2005 年 3 月 12 日）

② U. S. Chairman of the Joint Chiefs of Staff, “The National Military Strategy for Cyberspace Operations,” https://www.hsdl.org/?view&did=35693.（上网时间：2006 年 9 月 17 日）

③ Executive Order 13231, “Critical Infrastructure Protection in the Information Age,” https://fas.org/irp/offdocs/eo/eo-13231.htm.（上网时间：2001 年 10 月 12 日）

《爱国者法》[1]，提出政府部门要和私营部门密切合作来维护美国关键基础设施，并正式成立"国家基础设施模拟与分析中心"（National Infrastructure Simulation and Analysis Center，NISAC），对联邦与地方、政府与私营部门的数据进行整合分析。2002 年 11 月 27 日，小布什政府又颁布了《网络安全研究与发展法》[2]（*Cyber Security Research and Development Act*），5 年之内投入 8.8 亿美元实施网络安全创新研究和教育计划，为美国网络空间安全培养人才。2002 年 12 月 17 日，小布什政府又颁布了《联邦信息安全管理法》（*Federal Information Security Management Act*），对网络空间的信息安全进行了明确界定。[3]

为将战略与规划落实为行动，小布什任内还启动了几项影响至今的国家级军民协同网络空间安全重大专项。比较典型的项目包括：2006 年启动的"国家基础设施保护计划"、2008 年依据第 54 号国家安全总统令启动的"国家网络安全综合计划"（CNCI）。后者可谓一项划时代意义的大型工程，号称网络空间的"曼哈顿工程"。从这些专项可以看出，小布什政府时期的网络空间安全战略更偏重基础设施安全，通过安全能力建设来达到军民能力协同的目的。

小布什政府在网络空间安全治理体系的建设方面，实际上处于一种承上启下的节点。一方面，小布什政府继续并完成了克林顿政府时期的网络基础设施建设，如美军的"全球信息栅格""国家信息基础设施"等；另一方面还实施了一些开拓性的工作，如设立国土安全部、发布网络空间安全战略、提出"网络中心战"思想等，而且许多有关网络空间安全的法律都在小布什政府期间制定并生效。这一方面是小布什政府对网络空间的重视，另一方面也体现美国立法因事而立、应急处置的特点。

---

① US Congress, "Uniting and Strengthening America By Providing Appropriate Tools Required to Intercept and Obstruct Terrorism（USA PATRIOT ACT）Act Of 2001," https：//www. congress. gov/107/plaws/publ56/PLAW－107publ56. pdf.（上网时间：2001 年 10 月 26 日）

② US Congress, "Cyber Security Research and Development Act," https：//www. congress. gov/107/plaws/publ56/PLAW－107publ56. pdf.（上网时间：2002 年 11 月 27 日）

③ Congress, H. R. 3844 － Federal Information Security Management Act of 2002, https：//www. congress. gov/bill/107th－congress/house－bill/3844/text.（上网时间：2002 年 3 月 18 日）

三、第三阶段：网络空间安全态势塑造（奥巴马政府时期）

从网络空间技术的技术成熟度而言，奥巴马政府时期美国真正具有了全面利用网络空间的能力。奥巴马竞选总统期间得到了网络空间的助益，因此上台之后特别注重网络空间安全战略布局问题。在某种程度上，奥巴马政府真正实现了网络空间的安全化叙事，也奠定了今天美国网络空间军民协同的基本架构。奥巴马政府立足国内、布局全球，努力将美国的网络空间力量转化为国家安全优势；通过调整领导指挥体制、组建网络空间军事力量、深度开展国际合作等手段，全面提升了美国在网络空间的实力与地位。[①]

奥巴马上台不久，美国政府就于2009年5月29日对外发布《网络空间安全政策评估报告》[②]，特别提出将数字化基础设施视为国家战略资源，强调美国政府要将保护网络基础设施视为美国国家安全的第一要务。[③] 这标志着美国从推崇互联网“自由”开始向强调“安全”的转向，网络空间安全问题也具有了国家安全治理的意义。从这一角度看，美国对网络空间安全治理包含了两个方面：一是威胁的认知；二是威胁的构建。安全化不仅因“威胁存在”来推进，而且以“存在威胁”作为制定政策的理由。[④] 随后，美国白宫和国防部均发布了相应的网络空间安全战略性文件，从相应内容可以看出，美国网络空间安全的视野已经从自身信息基础设施扩展到了全球网络空间。此外，奥巴马政府还就一些较为具体的问题发布战略性文件，包括2011年3月的《网络空间可信身份

---

① 吕晶华：《美国网络空间战思想发展述评》，《西安政治学院学报》，2017年第1期，第117—122页。

② The White House, “Cyberspace Policy Review,” http: //www. Whitehouse. gov/assets/documents /Cyberspace_Policy_Reviewfinal. pdf.（上网时间：2013年3月1日）

③ 崔文波：《从小布什到奥巴马：美国网络外交政策的转向》，《江南社会学院学报》，2018年第4期，第57—61、76页。

④ ［英］巴瑞·布赞（Barry Buzan）等著，朱宁译：《新安全论》，杭州：浙江人民出版社，2003年版，第35页。

认证国家战略》（National Strategy for Trusted Identities in Cyberspace）、2011 年 1 月的《国防部网络空间政策报告》（Department of Defense Cyberspace Policy Report）等。

在网络空间力量建设方面，奥巴马时期最为明显的当属网络司令部的成立。2009 年 6 月，在总统奥巴马提议下，美国正式成立网络战司令部，小布什时期的战略设想成为现实。网络司令部司令基思・亚历山大在 2011 年 3 月宣称，经过两年的筹备建设之后，美军已经具备了网络战能力。① 在基础设施建设方面，奥巴马政府延续并大力推进小布什政府时期的“国家网络安全综合计划”。此外，奥巴马政府还主动对外发动国家网络情报活动。2013 年的“棱镜门”事件表明，美国长期以来暗中利用强大的技术优势进行了全球性网络监视，美国强大的网络情报能力显露无疑。

四、第四阶段：网络安全机制化阶段（特朗普政府时期）

特朗普时期比较重视网络空间安全的组织协调和战略引导，在很短时间内就对网络空间的管理架构体系做出具体安排，从战略规划、组织机构等方面对网络空间安全治理进行深度调整。虽然特朗普常常被冠以“反体制”，看似离经叛道，但是认真分析其 2018 年的《网络空间安全战略》和后期在网络空间的所作所为会发现，他一方面承袭了小布什和奥巴马时期对网络空间安全理念的总体历程②；另一方面建章立制的力度和执行的力度并不比前任逊色，特别是在国家安全战略中强调“全政府”“全国家”的特征比较明显。

特朗普上任不久就签发了第 13800 号总统行政令（E. O. 13800，《加

---

① Elizabeth Montalbano, “Cyber Command Pursues ‘Defensible’ IT Architecture,” https://www.darkreading.com/risk-management/cyber-command-pursues-defensible-it-architecture/d/d-id/1096756.（上网时间：2011 年 3 月 22 日）

② Anastasios Arampatzis, “U.S. National Cyber Strategy: What You Need to Know,” https://www.tripwire.com/state-of-security/government/us-cyber-strategy/.（上网时间：2018 年 10 月 18 日）

强联邦网络和关键基础设施的网络安全》），直奔主题，对网络空间安全治理的部门职责、改革方向做出了细致入微的规划。这份行政命令对于特朗普政府时期的网络空间安全政策具有纲领性作用，基本确立了其网络空间安全治理的组织架构，主要是依靠现有行政体制来履行网络空间安全职责，即白宫统领，以国土安全部和国防部为核心，国务院、国家情报总监办公室、财政部和司法部等重要部门提供政策工具，按照各自职能范围执行网络经济、网络外交、网络军事、网络情报和网络安全政策。[①] 而2018年发布的《国家网络战略》明确提到："国家网络战略的制定是根据国家安全战略的各个方面来组织的。国家安全委员会的工作人员将与政府部门和机构以及管理与预算办公室（OMB）进行协调，以制订适当的资源计划以实施该策略。"[②] 从这个框架可以看出，特朗普政府将国土安全部和国防部作为代表军和民的两个主要部门，在网络空间安全治理中发挥核心作用，"作为领导部门，组织和协调对联邦政府网络空间的保护，应对各种威胁，并与其他部门、私人机构和国际合作伙伴合作和共享信息，并计划联邦政府信息技术设施的现代化"。[③] 这样，美国的网络空间安全治理体系更为完善，一方面有了跨军地的顶层领导；另一方面在实施层面，相应职能部门机构都有发挥优势的空间，加强内阁部门在网络空间安全的作用。特别值得一提的是，特朗普撤销了奥巴马时期设立的网络空间安全协调员职位，将其职能归并国家安全委员会，网络空间安全事务在国家安全委员会的运行体系中进行讨论。

而后发布《国家安全战略》和《国家网络安全战略》，将"应对网络空间安全视为关系美国未来安全与繁荣"的关键事项，非常明确地要

---

① 汪晓风：《"美国优先"与特朗普政府网络战略的重构》，《复旦学报（社会科学版）》2019年第4期，第179—188页。

② The White House, "National Cyber Strategy," https://www.whitehouse.gov/wp - content/uploads/2018/09/National - Cyber - Strategy.pdf.（上网时间：2018年9月18日）

③ National Institute of Standards and Technology, "Strengthening the Cybersecurity of Federal Networks and Critical Infrastructure: Workforce Development," https://www.federalregister.gov/documents/2017/05/16/2017 - 10004/strengthening - the - cybersecurity - of - federal - networks - and - critical - infrastructure.（上网时间：2017年5月16日）

求“要确保网络空间安全，联邦政府和私营部门要在技术开发和行政管理方面深度配合，要认识到网络空间安全是不可能单纯依靠技术来解决”。[①] 并将网络作战司令部提升为美军第十个联合作战司令部，另外加上2018年5月国土安全部《网络安全战略》、2018年9月国防部的《网络战略》、2018年12月国防部《云战略》，特朗普政府在上台执政的两年内完成了网络空间安全战略部署，还是比较务实且具有较高效率的。另外，特朗普政府的网络空间安全战略相比前任，更具攻击性，强化“威慑”成为新战略的重要特征，与美国国防部的“前沿防御”可谓异曲同工。但是这种“威慑”战略的实施依赖成功的“协调”。时任美国国家安全顾问博尔顿在一次新闻发布会上说：“我们授权攻击性网络行动，但需要协调配合，我们将识别、应对、破坏和阻止破坏国家利益的网络空间行为，创建威慑架构，让我们的敌人认识到对美国进攻的代价是不可承受的。”[②]

第四节　美国网络空间安全治理军民协同演进的基本特征

一、基于技术进步形成网络空间安全战略地位

网络空间安全一定是基于技术发展的，这是网络空间独有的特点。[③] 网络空间战略对技术的高度依赖已经成为不争的事实。纵观过去100年的历史，美国均通过技术优势实现了战略优势，在制海权、制空权、制天权等方面保持了相对优势地位。而对于网络空间而言，美国的技术和

① The White House, “National Cyber Strategy,” https://www.whitehouse.gov/wp-content/uploads/2018/09/National-Cyber-Strategy.pdf.（上网时间：2018年9月18日）.

② Anastasios Arampatzis, “U.S. National Cyber Strategy: What You Need to Know,” https://www.tripwire.com/state-of-security/government/us-cyber-strategy/.（上网时间：2018年10月18日）

③ 许嘉：《美国战略思维与新军事变革》，《解放军报》，2003年10月29日，第12版。

产业优势也非常明显，并反复强调保持在此空间技术优势的重要性，否则“我们将变得越来越不堪一击”。因此，美国长期以来强调做好网络空间安全的防御体系建设，积极协调各方力量，推动网络空间安全的战略思想不断走向成熟，从而构建了相对成熟的网络空间产业与技术创新生态。除了这种面向现实问题提供技术解决方案以外，美国还委托各类国家安全智库，对美国的网络空间安全态势、发展战略、技术创新路径等进行广泛调研。目前网络空间安全已经成为美国各大知名智库的重点研究领域，形成了一大批较为显著的研究成果，如美国兰德公司、战略与国际问题研究中心、布鲁金斯学会等都对网络空间安全有很深入的研究。美国战略与国际问题研究中心 2017 年发布研究报告《从感知到行动：第 45 任总统的网络安全议程》，报告主要对特朗普政府提出网络空间安全战略布局的建议，报告内容和提出的建议均在后期总统指令、国家网络空间安全战略中作了回应和安排，可见美国智库机构与政府之间的密切联系。

二、基于威胁调整网络空间安全攻防能力体系

对威胁认知反应在美国的国家安全战略层面，就是对网络空间安全的战略性布局和重视。网络空间是一种分散化的组织架构，因为威胁来源也呈现出多元、多层次的特点，单纯依靠某一部门或某一项技术很难解决现有的威胁难题，因此在威胁应对策略上比较重视体系化的全面设计。美国作为网络空间的创始国，一直以来充分利用网络空间谋取政治、经济和安全利益，也形成了事实性全球网络空间霸权，但美国军民两方面都面临着最严峻的网络空间安全威胁。美国原国防部长查克·哈格尔认为：“网络空间安全威胁是现实存在的，而且具有极强的破坏力，在无声无息中可能造成严重后果。”① 进入 21 世纪以后，美国遭受的网络攻

---

① Reuters, “US Defence Secretary Chuck Hagel Calls for Cyber Security Rules,” https://www.reuters.com/article/us-usa-defense-hagel-cyber-idUSBRE94U05Y20130531.（上网时间：2013 年 5 月 31 日）

击更是呈指数增加，网络空间威胁甚至被认为是美国当代社会的“头号敌人”，超过了恐怖主义。2013 年以后，几乎每年情报部门的《年度全球威胁评估》都会对网络空间安全威胁进行重点叙述，将网络空间安全威胁视为最严重挑战。① 战略与国际问题研究中心 2013 年 7 月发布的研究报告认为，美国每年因网络攻击和网络犯罪行为而遭受的经济损失约高达 1000 亿美元，间接造成工作职位损失约为 50.8 万个。②

基于这种认知，美国的国家安全战略、国防战略和军事战略均对网络空间安全威胁做出回应，对机构和组织方式做出调整。美国的计算机应急响应小组（CERT）就是当年在“莫里斯蠕虫”发生之后建立的。特朗普还在竞选总统期间就已经提出：“要真正确保美国安全，我们就必须真正把网络空间安全作为首要任务。”③ 这种对威胁的充分认知和利用，推动了美国政府从战略上进行积极布局，形成了对军民主体和军民资源的一体化系统部署。在美国网络空间安全战略制定过程中，与美国政府及社会的各方面相互协调、互为补充，成为国家整体战略规划中的重要组成部分，服从和服务于国家安全战略。美国的网络空间安全治理能够做到军民协同，关键是顶层战略的设计打破了军民二元分离的状态，体系的独立与战略的协同达成了一致。在顶层设计方面形成了战略、治理（法律和政策）、技术（研究）三大支柱。

三、基于安全环境重构网络空间安全组织架构

美国政府问责局（GAO）2019 年发布的风险报告显示，网络空间安

---

① James R. Clapper, “Worldwide Threat Assessment of the US Intelligence Community,” https://csis-prod.s3.amazonaws.com/s3fs-public/legacy_files/files/publication/60396rpt_cybercrime-cost_0713_ph4_0.pdf.（上网时间：2016 年 5 月 13 日）

② Center for Strategic and International Studies, “The Economic Impact of Cybercrime and Cyber Espionage”. https://csis-website-prod.s3.amazonaws.com/s3fs-public/legacy_files/files/publication/60396rpt_cybercrime-cost_0713_ph4_0.pdf.（上网时间：2013 年 7 月 22 日）

③ Laura Hautala, “Trump: Cybersecurity should be a Top Priority,” https://www.cnet.com/news/trump-cybersecurity-should-be-a-top-priority/.（上网时间：2016 年 10 月 3 日）

全已经成为美国联邦政府需要迫切应对的重点高风险领域，并要求联邦政府制定更为全面的网络空间安全战略。[①] 美国自20世纪90年代克林顿政府时期开始重视网络空间安全问题，并开始在组织架构上进行布局，历经四任总统的苦心经营，构建了完备的网络空间安全治理主体间的军民协同运行机制。在特朗普政府时期，网络空间安全治理机制化趋势较为明显，主要在国家安全决策体系的框架下形成网络空间的治理体系。这种制度性安排在顶层战略上保证了军民主管部门能够在国家安全的层面实现有效协同，如原有的网络空间办公室职能纳入国家安全委员会，由国家安全委员会做顶层协调，而国防部和国土安全部都是国家安全委员会的法定成员。

---

① GAO："Substantial Efforts Needed to Achieve Greater Progress on High - Risk Areas," https：//www. gao. gov/assets/700/697245. pdf.（上网时间：2019年3月6日）

第五章／美国网络空间安全治理军民协同体系

任何综合性的国家大战略都是目标和手段之间平衡的结果。美国网络空间安全战略就是国家安全的总体目标和军民协同作为具体手段之间的平衡。美国自20世纪90年代克林顿政府时期开始，历经四任总统的苦心经营，大力推进国家网络空间安全能力体系的建设，充分利用网络空间技术的军民通用特性，打通军民主体间的协同关系，在国家安全的相同目标下为网络空间安全合作寻求新的共同点，形成了军民协同的安全治理体系、发达的产业体系和先进的技术体系，构成了战略、治理（包含政策法律）和技术三大支柱，构建了完备的网络空间安全治理主体间军民协同运行机制。在治理层面，主要体现为：战略规划、体系思维、技术优势和法律保障。在建设层面，主要体现为：需求主导、市场竞争、监管到位和能力集成。在协同成效方面，主要体现为：技术通用、平战结合和非对称平衡。因此，美国网络空间安全体系的军民协同治理既有政府主导下的有意为之，也有美国市场经济主导的创新生态和国家治理的大环境使然。

第一节　安全战略体系

美国网络空间技术较为成熟，也是世界上第一个从国家安全视角对网络空间安全进行治理的国家，历经四任总统构建基础防御能力、攻防一体能力体系、独立战略空间治理三个阶段的演变，按照国家安全战略和国家网络空间安全战略、内阁部门层面专门网络空间安全战略（如国土安全部、国防部等），以及政策制度和计划三个层面进行体系化布局，实现了军民两个体系之间“依法协作、高效协同”，确保了美国网络空间安全能力的绝对优势和在全球网络空间中不受挑战的领导地位的双重目标。[①]

一、全政府原则

“全政府”（whole of government）原则体现的是体系论的整体性特点。面对网络空间带来的威胁，美国提出了“全政府”策略，并在几届政府文件中逐渐制度化[②]，在奥巴马政府和特朗普政府时期的战略文件中都对“全政府”网络空间安全战略进行了明确，这是典型的体系化思维。奥巴马政府2016年通过第41号总统政策指令（PPD－41）专门概述了联邦政府和机构遵守“全政府”网络安全策略的5项关键原则，成立跨越军政部门的国家网络响应小组（CRG，由总统特别助理和网络安全协调员主持，成员包括国土安全部、国防部、司法部、商务部、国务院、财政部、能源部、中央情报局和国家安全局的高级代表）。[③] 这一策略要求利用每个机构独特的专业知识、资源和法律权威，并使用最有效的工具或工具组合来消除特定的威胁，包括财政部的经济制裁、贸易代表办公室发起的诉讼以及国防部的网络攻防、国土安全部的信息共享、国务院的外交施压、美国情报界的情报行动、司法部的起诉和其他法律行动。这种多元能力体系的调用，形成有效应对网络空间安全威胁的治

---

① 蔡翠红：《美国网络空间先发制人战略的构建及其影响》，《国际问题研究》，2014年第1期，第40—53页。

② The Department of Defense，“Trump Announces New Whole－of－Government National Security Strategy，” https：//www. defense. gov/Explore/News/Article/Article/1399392/trump － announces － new－whole－of－government－national－security－strategy/.（上网时间：2017年12月18日）

③ Samar Ali，Todd Overman & Sylvia Yi，“Federal Government Restructures Its Approach to Cybersecurity，” https：//www. bassberrygovcontrade. com/federal － government － restructures － its － approach－to－cybersecurity/.（上网时间：2016年8月9日）

理体系。另外，尽管“全政府”策略针对的是联邦政府和特定部门的机构，但私营实体也可能会受到影响，因此在其“全政府”策略中必然也包含了民事部门的力量。“鉴于我们面临的威胁的复杂性，如果没有与私营部门的协调，任何战略，无论涉及的机构数量或可用工具的广度如何，都是不完整的。在一个日益扁平化和互联化的世界里，威胁很容易转移和改变。因此，“全政府”实际上蕴含了与私营部门更深入的伙伴关系。”①

这种策略更深层次是体系思维在国家安全战略中的应用。体系思维是美国网络空间安全治理的基本指导思想，这一逻辑是以国家安全为出发点，利用协同治理策略，分别通过战略、政策、法律、技术、管理等方面来构建网络空间安全治理体系。曾担任奥巴马政府白宫网络事务协调官的迈克尔·丹尼尔就提出，网络空间安全不是简单的技术问题②，必须要以生态体系的思维来重构国家网络空间安全战略，特别要提升网络空间安全在整个国家安全生态体系中的层级，对国家基本的网络技术能力和相关的国家安全政策进行构建，实现高效应对网络空间安全事件的能力③（参见图5—1）。

在此框架下，美国网络空间安全治理依托国家安全决策机制，表现为一种多元主体互动、体系化协同的特点。网络空间安全治理已经由一种单一部门职责的技术问题转化为一种涉及国家治理的战略性问题，包括宏观战略、政策和法律法规的制定，也有对社会化多元主体参与者的管理，从而在国家安全框架下实现有效的军民协同。特朗普政府更为强调“全政府”策略，并明确写入《国家安全战略》报告，强调加强军民部门间协调、政府和私营企业间的合作，特别在以下两个方面强化了努

---

① John P. Carlin, “Detect, Disrupt, Deter: A Whole - of - Government Approach to National Security Cyber Threats,” *Harvard National Security Journal*, 2016 (7), pp. 393 - 436.

② Alfred Ng, “Obama Cybersecurity Czar: We gave Trump a head start,” https://www.cnet.com/news/obama - cyber - czar - michael - daniel - trump - cybersecurity - plans - head - start/.（上网时间：2017年7月28日）

③ 汪晓风：《“美国优先”与特朗普政府网络战略的重构》，《复旦学报（社会科学版）》2019年第4期，第179 - 188页。

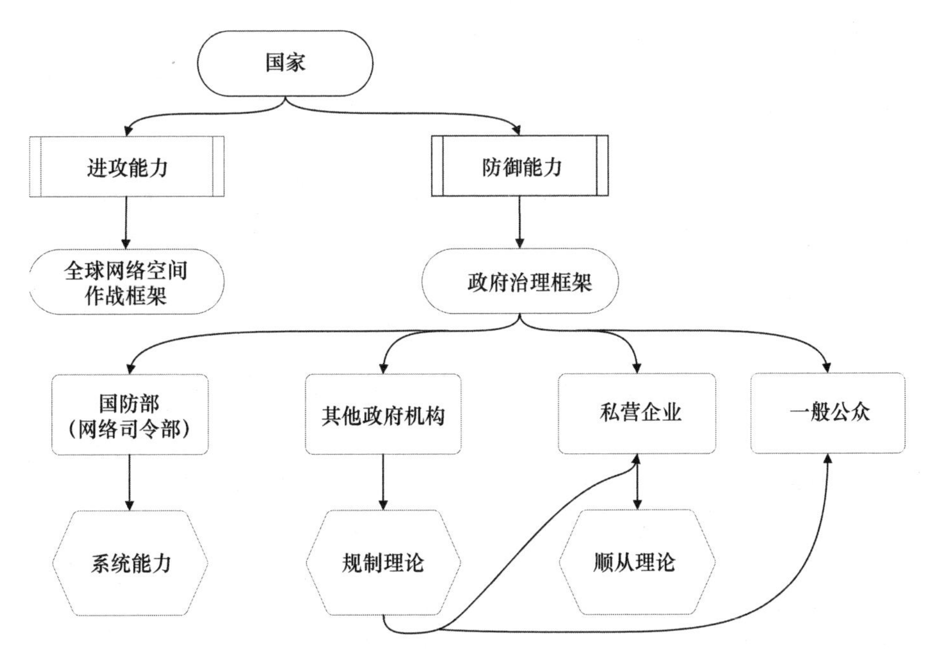

图 5—1　美国网络空间安全治理节点框图

力：一是强化情报信息共享机制。在 2017 年发布的第 13800 号总统行政命令上，明确要求联邦政府在保护信息安全的基础上，适当地将有关情报信息与私人企业和组织共享。同时为促进双向信息交流，美国政府要求企业向政府汇报遭受网络威胁或网络攻击的信息，鼓励产业界与国土安全部之间的态势感知共享。二是进一步理顺国家网络空间安全响应体系。明确国土安全部负责领导和协调，通过对网络攻击进行分析向州和地方政府机构、私营部门、公众提供具体的预警信息，促进政府体系和私人部门基础设施的持续运行，并提出适当的保护性措施及反措施，增加机构间的信息共享以改善网络空间安全。这些工作都是希望通过体系中要素间的协同来达到总体能效最优的目标，维护美国网络空间安全。[1]

① GAO，“Substantial Efforts Needed to Achieve Greater Progress on High – Risk Areas，” https：//www. gao. gov/assets/700/697245. pdf.（上网时间：2019 年 3 月 6 日）

二、军民协同原则

军民协同体现的是体系论的联系性特点。美国是网络空间的起源地，因此在基础性技术、架构体系和治理体系等方面，都会有超前的谋划和布局，在联邦政府层面也比较重视。无论是美国的经济发展，还是其全球军事力量的部署，对网络空间力量都有强烈的需求。因此，自从克林顿政府开始，网络信息系统就成为美国国家安全战略的重要组成部分。而网络信息技术的军民通用性和应用领域的军民融合性，单纯依靠军或民的力量来发展网络信息能力都是不现实的，共同的需求要求美国政府必须从军民协同的角度来谋划其力量部署，并围绕美国国家安全的核心利益，在战略上把握方向，以适应不断变化的环境。在这种协同思维模式的指导下，美国网络空间安全战略体现出层次清晰、专业划分明确、军民之间协同保障的特点（参见图 5—2）。

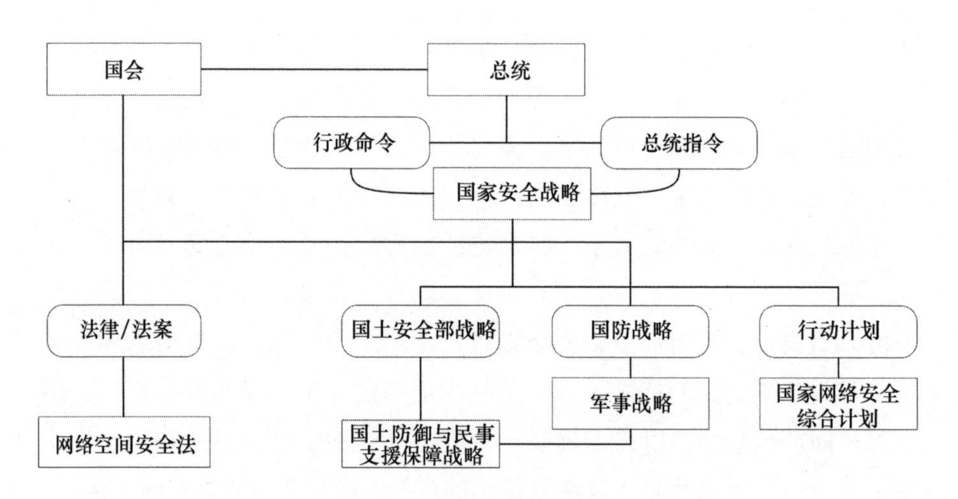

图 5—2　美国网络空间政策制度层次分析

1. 战略协同

美国历来重视战略规划工作，自 1986 年美国《国家安全法修正案》（戈德华特—尼古拉斯修正案）通过以来，历届总统都会向国会提交

《国家安全战略》报告，将国家安全治理理念见诸于纸面，作为国家安全工作的指导性文件。随着网络信息技术的发展，网络空间的重要性和独立性在国家安全战略中不断得到强化。

2. 技术创新

美国网络空间发展过程也是军民协同发展的历程。军民协同的运行模式功不可没。网络空间的整个发展过程，都始终贯穿着军民互动、军民一体的基因。2017 年美国启动的规模宏大的“电子复兴计划”，具有典型的军民协同特点，旨在通过这种军民协同的方式，实现网络空间基础性技术在“后摩尔时代”实现颠覆性变革。美国网络空间能够发展至今，军民协同创新生态功不可没，“私人企业与联邦政府各部门的合作是维护美国网络空间安全的基础”。[①]

3. 攻防结合、平战结合

美国网络空间的繁荣主要是两个外部因素发挥重要作用：一是市场需求；二是威胁压力。因为网络空间带来的安全威胁压力，促动美国率先引入网络战概念、成立网络战指挥机构和作战力量、制定网络空间军事战略。从而通过这种战争准备行为，让国土安全部和国防部等部门深度参与国家网络空间大型工程计划，整合整个国家优势技术资源。

4. 规则主导，充分利用网络空间既有优势掌握话语权

美国在权力利用方面一直软硬兼施，利用规则主导这种软实力来获取优势和利益一直是美国惯用手段。美国利用网络空间既有优势，在国际上控制网络空间，从而创造有利于美国的信息优势，塑造一个符合美国国家利益的国际战略环境，达到“不战而屈人之兵”的目的。

三、分层推进原则

分层推进原则体现了美国网络空间安全治理的结构性特点。

---

① The White House, “National Cyber Strategy,” https: //www. whitehouse. gov/wp – content/uploads/2018/09/National – Cyber – Strategy. pdf. （上网时间：2018 年 9 月 18 日）

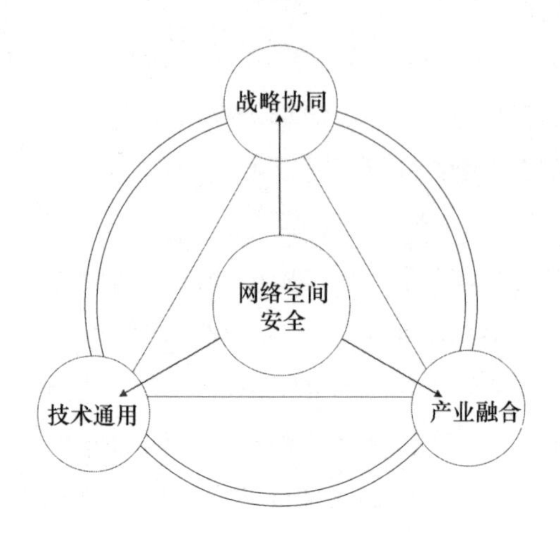

图 5—3　网络空间安全战略体系图

（一）国家级战略部署

美国联邦政府不仅在国家安全战略中将网络空间安全作为一个独立的领域，同时还先后两次正式颁布专门的国家级网络空间战略。克林顿政府一直高度重视网络信息技术对经济发展的作用，并随着网络信息技术的成熟开始从国家安全层面来考虑网络空间治理。在 2000 年《国家安全战略》报告中首次对网络空间对国家利益的影响，特别是网络空间对国家安全的威胁和挑战进行了界定。自此开始，美国政府先后 8 次发布《国家安全战略》报告，其中网络空间的重要性越来越突出，通过军民协同维护网络空间安全的基调一直没有改变。奥巴马在 8 年总统任期内两次发布《国家安全战略》报告（2010 年和 2015 年），均设置独立章节阐述网络空间安全，强调通过军民协同、国际合作的基本原则保持美国在网络空间的优势地位。特朗普政府 2017 年发布的《国家安全战略》报告，对网络空间安全的认知达到了一个新的阶段，提出了“网络时代”的概念，对网络空间安全面临的各种挑战提出了更为具体的解决方案[①]，标志着网络空间安全已经从过去的原则性安排进入到具体实施落

① The White House, “National Security Strategy,” http：//nssarchive. us/wp - content/uploads/2020/04/2010. pdf. （上网时间：2019 年 4 月 20 日）

实阶段。

除此之外，美国还在2003年和2018年两次发布专门的国家网络空间安全战略。尽管小布什时期发布的《国家安全战略》没有特别强调网络空间安全问题，但是2003年颁布的第一份《网络空间安全国家战略》却具有重要意义，军民协同提升网络空间安全能力、应对安全威胁的特色较为清晰。这份战略要求国防部和国土安全部与其他22个联邦政府部门机构协同配合，加强国家关键信息基础设施建设，组建国防、安全、执法等部门协同配合的国家网络空间安全响应体系。2018年9月，特朗普政府出台《国家网络战略》，在这份战略中，特朗普强调了“全政府”的治理理念，要求“建立一个涉及美国政府、军方和工业全社会参与的网络空间安全体系，将其深深植入军事和民用前沿技术开发的全过程，应对传统和非传统威胁，形成军民协同、反应快速和及时决策的网络空间危机处置体系”。[1] 根据这份战略，国土安全部在网络空间安全方面得到了更大授权，它甚至可以依据国家安全理由去查阅除国防部和情报部门以外的联邦政府部门的信息，可以按照威胁情况单独采取应对举措。

（二）部门级战略部署

在美国网络空间安全战略部署中，国土安全部和国防部处于军民协同的核心地位，负有跨部门职责。而其他一些机构，也都会按照国家安全战略部署，执行相应的网络空间安全职能。国土安全部自从2003年成立以后，逐步成为联邦政府网络空间安全的最重要监管机构，作为民用网络的代表与国防部等军方机构实现协同。2018年5月，国土安全部发布《国土安全部网络安全战略》，要加强国土安全部内部各组成机构之间，国土安全部与其他联邦政府部门，特别是国内网络空间私营企业之间的沟通协调，“国土安全部需要制定适合整个联邦政府的政策和规章办法，确保各个部门的网络空间政策符合国家安全目标，在具体行动中保

---

① The White House, “National Cyber Strategy,” https: //www. whitehouse. gov/wp - content/uploads/2018/09/National - Cyber - Strategy. pdf. （上网时间：2018年9月18日）

持协调一致”。①

美国国防部作为军方代表，首要职责是对外防御或进攻作战，是国家安全战略的重要责任部门，因此其战略部署更重视能力应用。美国国防部军事网络空间的直接责任部门，也会根据国家安全战略，制定国防部的网络空间安全战略和相应的军事战略文件。2006 年 12 月，美军参联会和国防部共同签发了《网络空间作战军事战略》，成为第一份美军进行网络空间作战的纲领性文件，确立了美军网络空间作战的战略框架，以及作战方式、军民资源统筹等。2011 年 7 月，国防部发布的《网络空间行动战略》，要求“国防部在网络空间战略推进中要采取全政府策略，与其他政府部门密切合作，充分利用私营部门的网络空间力量，实现美国网络空间安全目标”。② 2013 年，美军参联会出台《网络空间作战联合条令》，从具体作战角度对网络空间力量应用做出规定，标志着美军在网络空间进入了“常态化、实战化”阶段。2015 年 4 月，国防部发布《网络空间战略》提出：“国防部将继续与其他私营部门合作，这是美国国防部网络空间力量建设的基础，未来将继续通过深化合作来提升美军网络空间安全创新和能力提升。”③ 时任国防部长阿什·卡特尤其注重从私营部门获取作战能力，为此还专门成立了快速获取商业能力的“国防创新实验单元（DIUx）”（2018 年已经更名为 DIU，国防创新单元）。2018 年 9 月，美国国防部为落实特朗普政府安全战略思想，出台了《国防部网络战略》，提出“国家的网络信息基础设施都在私营部门手中掌握并负责运营，它们是网络空间安全的最前沿。因此，美国国防部要履行国家安全责任，必须要与其他民事部门充分合作，实现情报信息共享，

---

① The White House, “National Cyber Strategy,” https://www.whitehouse.gov/wp-content/uploads/2018/09/National-Cyber-Strategy.pdf.（上网时间：2018 年 9 月 18 日）

② U.S. Department of Defense, “Department of Defense Strategy for Operating in Cyberspace,” https://www.hsdl.org/?abstract&did=489296.（上网时间：2011 年 7 月 30 日）

③ U.S. Department of Defense, “The Department of Defense Cyber Strategy,” http://www.defense.gov/Portals/1/features/2015/0415_cyber-strategy/Final_2015_DoD_CYBER_STRATEGY_for_web.pdf.（上网时间：2015 年 4 月 11 日）

通过军事需求来牵引整个网络空间安全的规划、人员培训等”。[1] 诺斯罗普·格鲁曼公司（Northrop Grumman）副总裁兼首席信息官迈克·帕帕（Mike Papay）表示：“全球最近的网络事件已导致公司和政府重新评估其抵御破坏性网络攻击的弹性。国防部的战略重点是建立桥梁，这将帮助公司加强对日益复杂的敌人的防御。”[2]

除了国土安全部和国防部以外，美国联邦政府一些机构也负有跨部门协调职责，如司法部在应对网络犯罪方面、国家情报总监办公室在情报信息共享层面、美国商务部在标准制定方面，这些都是推进美国网络空间安全战略落实和军民协同策略的重要构成部门。

（三）具体的专项规划

作为国家战略部署，最终要落实到具体行动和计划中。美国网络空间安全战略落实的具体行动和计划比较庞杂，但基本上按照相应的战略规划，实现了体系上的军民协同，尽最大可能地消除了军民分隔造成的体系能力漏洞。例如，针对网络空间国际合作问题，美国 2011 年发布了《网络空间国际战略》，对国土安全部、国防部和司法部都提出了协同的要求。2012 年发布的《大数据研究和发展倡议》、2016 年发布的《大数据研究与发展战略计划》[3]，要求国防高级研究计划局要适应网络信息技术新的发展趋势，借助私营企业的技术创新优势，打造更为强大的大数据时代网络空间能力体系。为了适应信息技术新的发展趋势，国防部 2012 年 7 月和 2018 年 12 月两次发布《美国国防部云计算战略》，推动云计算技术在国防部的应用，在具体落实中提出了要通过军民协同，利

---

① The White house, “National Cyber Strategy,” https: //www. whitehouse. gov/wp - content/uploads/2018/09/National - Cyber - Strategy. pdf. （上网时间：2018 年 9 月 18 日）

② The Shephard News Team, “Northrop supports DoD’s new cyber strategy,” https: //www. shephardmedia. com/news/digital - battlespace/northrop - supports - dods - new - cyber - strategy/. （上网时间：2015 年 4 月 27 日）

③ The White House, “Big Data Research and Development Strategic Plan,” https: //www. nitrd. gov/PUBS/bigdatardstrategicplan. pdf. （上网时间：2016 年 12 月 5 日）

用成熟的商业云计算技术来服务国防应用领域①，通过“通用云和专有云相配合”，形成一种多云、多供应商的生态体系，这样就从技术层面做到了军民互补。奥巴马政府2015年发布的《国家高性能计算战略》倡议，提出了国防部与能源部、国家科学基金会联合领导的运作方式，通过这种军民一体化联合开发来解决重大安全技术难题。② 通过这些规划可以看出，美国在战略层面确实高度重视军民协同。

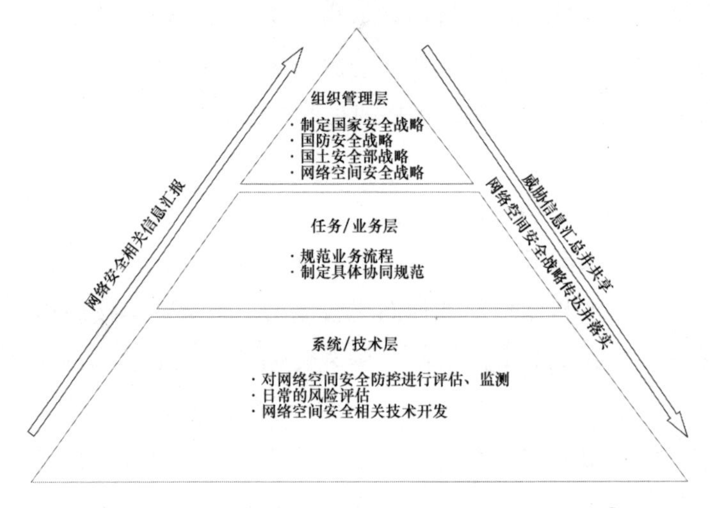

图5—4 美国网络空间安全战略体系的多层结构③

第二节 行政管理体系

美国网络空间安全治理体系的基本架构是依托国家安全决策与运行

---

① U. S. Department of Defense, “DoD Cloud Computing Strategy,” https://www.globalsecurity.org/military/library/policy/dod/dod－cloud－computing－strategy_2012.pdf.（上网时间：2012年12月15日）

② President Obama’s Executive Order, “Creating a National Strategic Computing Initiative,” https://www.hpcwire.com/off－the－wire/creating－a－national－strategic－computing－initiative/.（上网时间：2015年7月30日）

③ GAO, “Agencies Need to Fully Establish Risk Management Programs and Address Challenges,” https://www.gao.gov/assets/710/700503.pdf.（上网时间：2019年7月25日）

体系，由总统领导的网络空间安全特设机构进行顶层协调，国土安全部对内、国防部对外、情报资源部门间共享的军民协同管理架构，通过国家体系工程计划来统筹协调资源，提升技术和实战能力，形成国家网络空间安全体系。在具体行政管理的组织架构方面，按照法律要求，美国联邦政府部门都需要对自己部门的网络空间安全负责，但是有些部门担负跨部门的职能，如国防部、国土安全部、公共管理和预算办公室（OMB）和国家标准与技术研究所（NIST）等，这些部门是军民协同的重点研究对象。

一、安全体系框架

按照“体系—过程”理论，军民协同的核心是主体间关系建立，而军民主体间关系的运行需要有相对完善的组织架构和相应的政策和法律保障。美国网络空间安全治理体系内嵌于美国行政管理体系，依托美国国家安全领导体系进行组织协调。特别是从特朗普政府开始，这种依托现有机制来进行网络空间安全治理的特点比较突出，这样从组织机构上保证了部门之间协调的有效性，也保证了军民主体间顺畅沟通。美国的行政机构依照宪法设立，分为联邦政府、州和地方三级组织。美国是联邦制国家，联邦政府和州政府之间相对独立，不存在严格意义上的上下级隶属关系，即便是立法司法方面也保持了相对的独立。但是国防和外交的权力集中在联邦政府，因此军民协同问题主要是联邦政府考虑的问题。鉴于本书的研究重点是国家安全，因此讨论的重点是联邦政府层面的网络空间安全治理体系的军民关系协调和组织机构设立等。

美国现有国家安全决策和运行体制确立于二战结束后。1947 年，杜鲁门政府吸取二战期间的经验，出台了《国家安全法》，对美国国家安全体系进行了调整，这个体系的基本架构一直沿用至今。其核心是设立国家安全委员会和全权负责武装保卫国家安全的国防部两部分。国家安全委员会作为总统的安全顾问机构，法定成员包括国防部长、国家情报总监、国土安全部长（2003 年国土安全部成立以后，根据其职能进入国家安全委员会）等。它是美国整个国家安全体系运行的中枢，虽然不同的总统对其倚重程度不同，但基本保持了相对稳定并运行至今。20 世纪 90 年代初，斯考克罗夫特（Brent Scowcroft）任布什政府国家安全顾问期间，对国家安全委员会进行了体系性改革，形成了影响至今的组织固定、等级化的“斯考克罗夫特模式”运行机制，并为后续几任总统继承。

网络空间安全治理基本依托这一治理模式在运行，依照国家安全的决策运行机制实现有效管理。这种运行机制实际上是在国家安全的框架下，实现了军民体系之间的协同。美国自从克林顿政府开始，在联邦政府的现有安全体系架构内，融入网络空间的内容，实现军民之间的协同配合。这种设计能够保证网络空间安全在国家安全体系的框架内有效动员各种资源和力量。特朗普政府时期，联邦政府对网络空间安全治理更显机制化，撤销了奥巴马时期设立的网络空间安全协调员（俗称“网络沙皇”）职位，而将其职能分解后并入国家安全委员会，由网络空间安全相关的两个高级主任负责。这种设置一方面从机构上进行了精简，另一方面将网络空间安全纳入国家安全委员会体系，有利于网络空间安全的机制化管理。这样，自上而下，美国联邦行政部门中与网络空间安全相关的组织架构主要包括了以下几类主体，具体的职责包括：

管理和预算办公室（OMB）：管理和预算办公室的法定职责是对总统负责，监督整个行政部门是否按照总统愿景工作，协助总统实现其政策、预算、管理和法规目标。[1] 在联邦网络空间安全方面，管理和预算办公室主要是发挥统筹协调、政策制定和监督政策法律执行等方面的职能，根据国家标准与技术研究院（NIST）提出的标准和指南，要求联邦政府各个部门提供适当的网络安全保护，执行联邦政府网络安全计划，并与美国国土安全部进行合作，解决重大网络空间安全事件、消除联邦政府脆弱性的不利影响。因为管理和预算办公室主要对联邦政府网络负责，但是它对其他联邦政府部门负有辅助监督职责，因此会制定网络空

① The Office of Management and Budget, https://www.whitehouse.gov/omb/.（上网时间：2019 年 6 月 12 日）

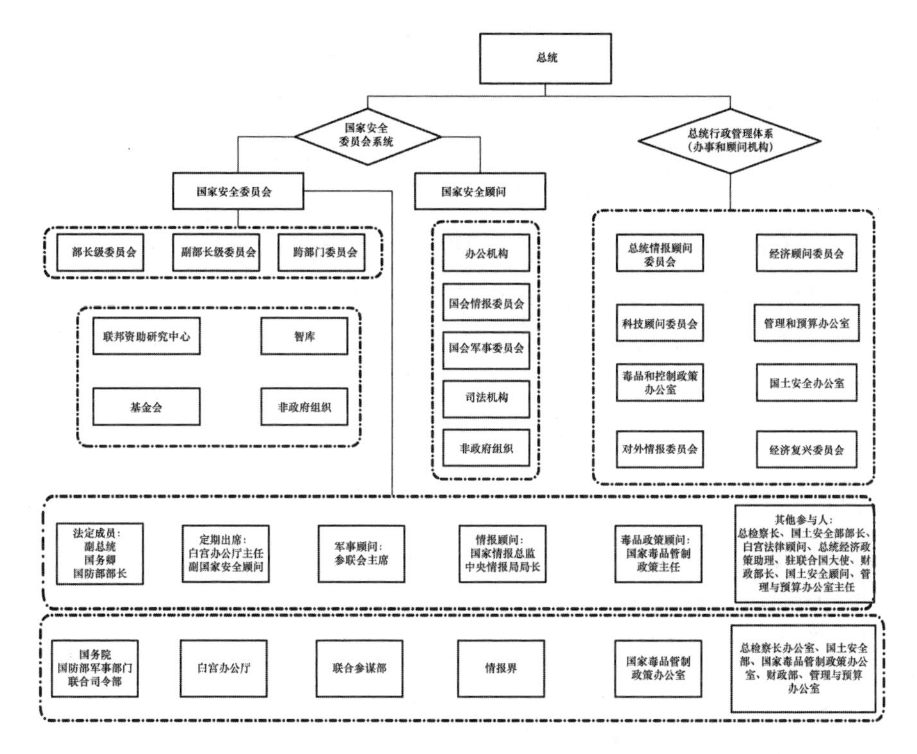

图5—5　美国国家安全体系决策流程

间安全方面的备忘录和通告、在联邦政府内颁布信息安全政策等。其中成立于2014年的美国数字服务部（USDS）就隶属管理和预算办公室，主要职能是提升美国数字基础设施的能力。因此，管理和预算办公室在整个国家网络空间行政体系中处于比较特殊且顶层的地位。

商务部国家标准与技术研究院（NIST）：在网络空间安全治理军民协同的技术层面以及在互联网发展的历程中，标准发挥了核心作用。因此，美国比较重视标准化工作，由商务部国家标准与技术研究院负责网络空间安全的标准制定，“制定非国家安全的联邦信息系统的标准和准则”。尽管标准与技术研究院隶属于美国商务部，但是它提出的标准一经发布，即对美国整个网络空间安全技术体系都具有强制效力。

国土安全部：主要对联邦政府民事领域的网络空间安全进行管理，但是随着网络信息技术发展和网络空间安全治理任务的变革，国土安全部在网络空间安全治理中的作用日益凸显。第一，制定网络空间安全“共同基准”，即通用的安全标准；第二，在行政部门之间实现情报信息共享；第三，监督标准与技术研究院标准的使用、进行风险评估；第四，协助其他行政机构对威胁做出响应。

美国总务署（GSA）：成立于1949年，是美国政府中的一个独立机构，相当于联邦政府的总后勤部。对于网络空间安全的治理而言，总务署的职能是制定标准化的采办流程，为联邦政府采办和提供网络安全产品和服务。

军事和情报机构：美国军事情报部门和联邦调查局等情报界部门主要是网络空间安全的实战部门。这些机构的主要职能是防御和攻击，识别、阻止和应对网络空间安全威胁，保护国家安全体系，如加密网络和武器体系的支持网络等。

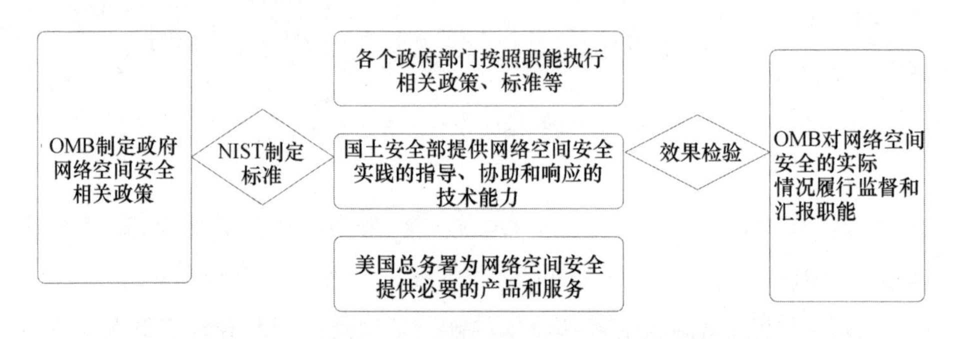

图5—6　美国联邦政府网络空间安全治理的部门间关系

二、行政管理部门

（一）总统特设机构

自从克林顿政府开始，几乎每届总统都会专设网络信息技术和网络空间专门职位来协调网络空间安全工作，如克林顿政府时期设立“总统关键基础设施保护委员会”（1996年第13010号行政令），小布什政府时期设立的“总统关键基础设施保护理事会”（2001年第13231号行政令），其主席同时兼任“网络空间安全总统特别顾问”，组成人员为部长级官员。奥巴马政府同样对于这种协调机构给予重视，在2009年设置了“网络空间安全办公室”（CSO）高级职务［进入国家安全委员会（NSC）和国家经济委员会（NEC）］，其办公室首长为网络空间安全协调员，外界将之称为“网络沙皇”（Obama Cybersecurity Czar），可见其受重视程度。这一职位和相关政府部门的关系在第41号总统指令中得到了明确。①

特朗普上任以后，于2018年5月撤销了网络安全协调员职位。外界认为这是在网络空间安全方面的倒退。但事实并非如此，认真观察特朗普时期的网络空间安全战略布局，反而发现其对网络空间安全治理的重视和新的思路。一方面，精简机构，简化管理提高效率；② 另一方面，让网络空间安全进入了常规国家安全治理程序，取消网络空间安全协调员并非是对网络空间安全工作的轻视。网络空间安全协调员原有的职能并入国家安全委员会，由两名负责网络空间安全的高级主任负责，分别是总统副助理、网络政策高级主任书亚·斯坦曼（Joshua Steinman）和国家安全委员会网络政策高级主任、白宫首席信息安全官格兰特·施耐德（Grant Schneider），这两个人实际上是得到了重用。另外，在联邦政府首席信息官基础上增设了首席信息安全官，专门负责网络空间安全问题。特朗普比较重视现有机构的职能，他调整国土安全部的网络空间安全职能，组建网络空间基础设施和服务局（CISA）、将网络司令部升级为一级联合作战司令部等，这一切都表明，特朗普对网络空间安全不是轻视，而是加强，方法更加务实、更为机制化，更有利于协调军民不同主体间关系和长期的网络空间安全战略部署。

---

① The White House, “Presidential Policy Directive - - United States Cyber Incident Coordination,” https: //fas. org/irp/offdocs/ppd/ppd - 41. html”.（上网时间：2016年7月26日）

② CBS NEWS, “White House cybersecurity coordinator position eliminated,” https: //www. cbsnews. com/news/white - house - cybersecurity - coordinator - position - eliminated/. （上网时间：2018年5月16日）

（二）美国国土安全部（DHS）

1. 概况

美国国土安全部成立于2003年，网络空间安全并不是其主要责任，建设初期只有加强联邦和非联邦的网络空间安全的简单职能描述，基本无法实现网络威胁信息共享等基本功能。[①] 但随着网络空间安全威胁日益严峻和对国家安全影响的全面深入，要完成国家安全任务，就必须有相应部门与国防部相互协同，形成全面保护国家安全的重任。国土安全部的位置凸显，成为联邦政府中网络空间安全的重要责任机构，特别对整个国家的信息基础设施和非保密网络的安全、国家网络空间的安全性和抗毁性（resilience）等方面，国土安全部都负有主体责任。通过完善组织机构、加大科技创新投入，国土安全部在美国网络空间安全中越来越重要，同时也逐渐形成了持续安全保证能力和网络态势感知能力。通过发挥其跨部门协调职能，国土安全部完善了网络安全应急机制，并大力推进政府和企业之间的威胁情报工作共享等。

2013年2月，奥巴马发布《增强关键基础设施网络安全的行政命令》（第13636号行政令），给予国土安全部牵头实现网络威胁态势感知和情报共享的职权（与司法部和国家情报总监合作）。[②] 2014年，美国通过了《联邦信息安全管理法案》（FISMA），这一法案对国土安全部发挥网络空间安全的军民协同提供了便利，因为国土安全部得到了发布约束性操作命令（BOD）的授权，标志着联邦政府的一个组成部门首次有权去指示其他部门负责人“采取任何合法行动”保护网络空间的行为。[③] 尽管没有公开表明这个紧急授权曾经被使用过，但充分说明了国土安全

---

① Congress, “Homeland Security Act of 2002,” https：//www. dhs. gov/sites/default/files/publications/hr_5005_enr. pdf.（上网时间：2002年11月25日）

② The White House, “Executive Order 13636,” https：//fas. org/irp/offdocs/eo/eo - 13636. htm.（上网时间：2013年2月12日）

③ Office of Management and Budget, “Federal Information Security Modernization Act of 2014 Annual Report to Congress,” https：//www. whitehouse. gov/wp - content/uploads/2019/08/FISMA - 2018 - Report - FINAL - to - post. pdf.（上网时间：2018年8月23日）

部在网络空间安全领域的重要地位。2015 年《国土安全部科技改革与能力提升法案》，明确了国土安全部负有网络空间安全科技开发方面的职能。[1] 2015 年《网络安全法》正式生效，国土安全部的职权进一步得到扩大，提升了其在信息共享、基础设施建设等方面的地位。[2]

特朗普政府的网络空间安全治理呈现机制化发展趋势，国土安全部和国防部等机构明显得到进一步重视。2017 年 5 月，特朗普上任不久就签发了《强化联邦网络和关键基础设施网络安全总统行政命令》（第 13800 号），对联邦政府各个部门的网络空间安全职能进行了强化，明确国土安全部在联邦政府网络安全与信息共享方面有牵头作用，同时还要负责筹划联邦政府信息技术设施的现代化建设。[3] 2018 年的《国家网络战略》对联邦民用网络安全管理和监管进行了集中化设置，"国土安全部需要履行保护联邦政府和机构网络空间基础设施安全的职责，同时为了国家安全目的，国土安全部在必要时可以合法地访问联邦政府部门信息系统"。[4] 这种授权对于一个内阁部门而言是史无前例的。2018 年 10 月，国土安全部部长尼尔森（Nielsen）面对参议院质询时称：国土安全部的成立是为了防止再次发生"9·11"事件，目前美国最大威胁不再来自"基地"组织和空中飞机，而是"在线"的大规模攻击，网络空间现在是最活跃的战场，攻击面几乎涉及每个美国家庭。[5] 尼尔森通过渲染网络空间的威胁，最终达到了扩充部门权力的目的。在尼尔森的努力下，参议院通过了《2018 年网络安全和基础设施安全局法》，在国土安全部

---

① Congress, "DHS Science and Technology Reform and Improvement Act Of 2015," https://congress.gov/114/crpt/hrpt372/CRPT-114hrpt372.pdf.（上网时间：2015 年 12 月 8 日）

② Paul Rosenzweig, "The Cybersecurity Act of 2015," https://www.lawfareblog.com/cybersecurity-act-2015.（上网时间：2015 年 12 月 16 日）

③ The White House, "Executive Order 13800," https://fas.org/irp/offdocs/eo/eo-13800.pdf.（上网时间：2017 年 5 月 11 日）

④ The White House, "National Cyber Strategy," https://www.whitehouse.gov/wp-content/uploads/2018/09/National-Cyber-Strategy.pdf,（2018 年 9 月 18 日）.

⑤ Breanne Deppisch, "DHS Was Finally Getting Serious About Cybersecurity. Then Came Trump," https://www.politico.com/news/magazine/2019/12/18/america-cybersecurity-homeland-security-trump-nielsen-070149.（上网时间：2019 年 12 月 18 日）

内部成立了联邦政府正式网络空间安全机构——网络安全和基础设施安全局。落实了《国家网络战略》提出的“在时机成熟的时候，遵守相应的法律、政策、标准和指令，在国土安全部内完成一体化的能力、工具和服务的部署”。[①] 因此，国土安全部是联邦民事网络空间部分当之无愧的牵头部门，发挥了重要作用。因此有专家认为，由于国土安全部的努力，美国政府于2016 年避免受到“勒索病毒”（WannaCry）网络攻击重大损失，战略协同和全球情报信息交换发挥了关键作用。[②]

2. 组织架构

国土安全部内部专职网络空间安全机构是网络安全和基础设施安全局。2018 年 11 月 16 日，特朗普签署了《2018 年网络安全和基础设施安全局法》。这是一部具有里程碑意义的法律文件，提升了国土安全部内设机构国家保护和计划局（NPPD）的地位并扩充了其职能，在其基础上组建了新的网络空间安全和基础设施安全局（CISA）。使其成为一个独立的联邦机构，与美国特勤局、美国联邦应急管理署（FEMA，隶属国土安全部但相对独立）处在了相同的层级，受国土安全部监督，但独立性很强。

网络空间安全与基础设施安全局（CISA）在对自身的介绍中明确指出：作为国家应对网络空间威胁的专门机构，开展深度合作应对威胁，构建更为安全、抗毁的网络信息基础架构。同时发挥国家网络空间防御资源整合中心的职能，与公共和私营部门进行深度合作。其下设网络空间安全、基础设施安全、应急通信、国家风险管理联邦保护局等 5 个部分。将国土安全部所有的网络空间职能都进行了归并，包括打击网络空间违法犯罪、保护关键基础设施、保证联邦网络空间安全治理的合理性、促进网络空间情报信息共享、进行网络空间人员培训和实战演练。在其

---

① The White House, “National Cyber Strategy,” https: //www. whitehouse. gov/wp - content/uploads/2018/09/National - Cyber - Strategy. pdf. （上网时间：2018 年 9 月 18 日）

② Barbara George, “Keeping the Role of the White House Cyber Security Coordinator in Perspective,” https: //www. thecipherbrief. com/column_article/keeping - the - role - of - the - white - house - cyber - security - coordinator - in - perspective. （上网时间：2018 年 6 月 29 日）

内部有两个比较重要的中心：一是国家网络安全和通信集成中心（NC-CIC），主要负责为联邦和地方政府提供全天候（7×24h）的网络态势感知、分析、事件响应和网络防御能力。在网络空间安全与基础设施安全局成立之前，网络空间安全和通信集成中心（NCCIC）在2017年已经完成了机构重组，整合了原国家网络空间安全和通信集成中心（NCCIC）、国家协调中心（NCC）、计算机应急准备小组（US-CERT）、工控体系应急准备小组（ICS-CERT）的职能；二是主要中心即国家风险管理中心（NRMC）的职能是重大规划和情报分析，主要针对国家关键基础设施中面临的各类重大安全风险进行分析与评估。①

3. 军民协同运行

国土安全部是网络空间安全军民协同运行的大力倡导者，但是因其成立时间较晚，能力相对不足，因此在很多重大安全事件上都要依赖国防部的力量。2016年，美国国土安全部部长曾向国会提交了《与国防部开展技术合作应对网络威胁》的报告，提出了军民协同的具体举措。国土安全部首席信息官通过参加联邦首席信息官委员会、国家安全系统委员会和联邦风险与授权计划等，与国防部实现了日常的交流合作。

另外，国土安全部的国家保护和计划局（NPPD，现在已经整合为CISA）要保护国家关键基础设施的网络空间安全，就必须要采取一种“全政府”策略来进行领导、信息集成和合作等。例如，国家保护和计划局的网络和基础设施分析办公室以及网络安全和通信办公室就与国防部之间实现了常规的网络空间安全大数据分析合作。国家网络安全综合计划的第五项，就是“增强共享态势感知和信息共享架构”，实现国土安全部、国防部、国家安全局和联邦调查局在网络空间安全威胁方面信息共享。通过该计划，国土安全部和国防部建立了一个高级架构和信息

① Cynthia Brumfield, “What is the CISA? How the new federal agency protects critical infrastructure from cyber threats,” https://www.csoonline.com/article/3405580/what-is-the-cisa-how-the-new-federal-agency-protects-critical-infrastructure-from-cyber-threats.html.（上网时间：2019年7月1日）

共享标准，在操作层面还开发了“自动化指标共享”计划。[①] 另外，国土安全部还开发了一套威胁情报标准和规范，包括结构化威胁信息表达式（Structured Threat Information eXpression，STIX）和指标信息的可信自动化交换（Trusted Automated eXchange of Indicator Information，TAXII），成为国土安全部与国防部之间进行情报信息共享的重要桥梁和手段。2018 年 5 月公布的《国土安全部网络安全战略》提出了一个战略框架，规划了未来 5 年内国土安全部的网络空间安全任务，强调网络空间安全风险集成管理的思路。从网络空间安全与基础设施安全局的机构设置和基本职能可以看出，它是法定的联邦机构，它需要对网络空间安全提供全方位的防护，把网络空间关键信息基础设施和其他关键基础设施放到了同等重要地位。另外，它具有整合国内军民资源的法定授权，这一点对于网络空间安全的军民协同具有重要意义。

（三）美国国防部（DoD）

1. 概况

美国国防部（DoD）是联邦政府法定内阁机构，网络空间安全一直以来就是其重要职能。随着网络空间的成熟，国防部也在不断调整，已经成为维护美国网络空间安全的支柱和军民协同治理的核心力量。从国防部的组织架构可以看出，美军的网络空间力量也坚持了军政和军令双轨制的运行模式，目前形成了以网络空间司令部为作战力量、国防信息系统局为建设力量和国家安全局为情报保障力量的三大支柱体系。自 2009 年开始，美军的网络空间力量也开始走向了正规化、体制化的建设之路。美国首任网络司令部司令亚历山大（Alexander）认为：自从网络司令部成立以来，网络进攻就成为美国网络空间安全的首要任务，同时

---

① Department of Homeland Security，“Countering Cyber Threats through Technical Cooperation with the Department of Defense，” https：//www. dhs. gov/sites/default/files/publications/ST% 20 – % 20Countering% 20Cyber% 20Threats% 20through% 20Technical% 20Cooperation% 20with% 20the% 20Department% 20of% 20Defense. pdf.（上网时间：2016 年 4 月 5 日）

负有保卫国家网络空间安全的责任。[①] 本书主要从军民协同的角度对其进行简要分析，特别是其与国土安全部之间的关系。

美国国防部作为国家安全的基石，在网络空间安全的战略实施中尤其重视军民协同发展策略。美国国防部自小布什时期就积极部署网络空间安全战略，在军民协同发展上发挥了三方面作用：一是战略牵引。透过2011年《网络空间行动战略》、2015年和2018年的《网络空间战略》可以看出，美国国防部对军民协同有着非常清晰的认知，积极主动与国土安全部等民事机构协同配合、与私营部门之间的技术合作都是国防部的重点工作，以打造“全政府”网络空间安全战略。二是能力集成。美国国防部不是科研与生产部门，而是能力建设和作战部门，因此在整个网络空间发展过程中，国防部坚持“不求为我所有、但求为我所用”的基本原则，依靠市场力量提升军队作战能力，特别强调“国防部要建设网络空间，为国家安全提供网络空间安全服务，就必须依靠私营部门来实现先进的技术能力”。奥巴马时期的国防部长卡特一再强调与商业界、民间和政府建立“公开的伙伴关系”，包括在五角大楼和企业之间建立“桥梁”，对借私企之力发展网络空间的重视程度可见一斑。三是信息共享，国防部在国家安全中发挥着核心职能。国防和情报机构在任何国家都是高度保密部门，因此对信息尤其敏感。对于情报信息共享，2015年4月，美国国防部发布新版《网络空间战略》，提出要加强与美国政府民事机构的协调，以实现最大限度的信息共享、协调网络行动、分享经验教训。

2. 组织架构

（1）首席信息官

首席信息官制度是依据美国1995年《信息技术管理改革法》设立的。《信息技术管理改革法》要求国防部制定、记录和实施为信息和信息系统提供安全性的计划（通常称为网络安全计划），并指示国防部长

① Danny Vinik, “America’s secret arsenal,” https://www.politico.com/agenda/story/2015/12/defense-department-cyber-offense-strategy-000331/.（上网时间：2019年6月3日）

将其授权给国防部首席信息官员（CIO）和各军种部门的首席信息官具体负责。因此，国防部从1996年开始就已经形成了比较完备的首席信息官组织和运行机制：第一，国防部首席信息官一般由负责网络与信息集成的助理国防部长兼任，这样就保证执行的力度。第二，国防部首席信息官与联邦政府首席信息官建立了日常的沟通协调关系，并接受其指导，从而实现了信息有效沟通。第三，国防部首席信息官对整个国防部的网络信息系统建设和情报信息共享负有责任，从而保证了信息沟通的有效性。①

2018年4月5日，美国国防部宣布任命摩根大通IT前高管德纳·迪西（Dana Deasy）为首席信息官（CIO），兼任国防部长和主管信息技术的副部长的主要参谋助理和高级顾问，受命解决国防部最紧迫的技术挑战，重点包括大数据、人工智能、云计算等。迪西上任后，立即着手起草《国防部数字现代化战略》，强调通过云计算、人工智能、指挥控制与通信和网络安全4个方面建设②来推进美军的信息现代化，可见首席信息官的工作成效。

（2）国防信息系统局（DISA）

国防信息系统局主要负责国防部网络空间安全基础设施的开发，实施和管理国防部的网络安全。美国国防信息系统局可以追溯到1960年5月12日成立的美国国防通信局，1990年更名为国防信息系统局（Defense Information Systems Agency，DISA），它是美军信息基础设施建设责任机构，其机构编成就体现了军民一体化的特点，职员包括6000名文职人员、1500名现役人员，另外和7500个国防承包商保持密切联系。实际上，国防信息系统局属于国防网络基础设施的建设主管部门，许多重点国防信息能力建设都是由这个机构来执行，包括“全球信息栅格”

---

① 王保存：《美军首席信息官制度透析》，http：//www. defence. org. cn/article－1－71895. html.（上网时间：2007年10月13日）

② DOD CIO，“DOD Digital Modernization Strategy，” https：//media. defense. gov/2019/Jul/12/2002156622/－1/－1/1/DOD－DIGITAL－MODERNIZATION－STRATEGY－2019. PDF.（上网时间：2019年7月12日）

(GIG)、“联合信息环境”(JIE) 等。国防信息系统局于 2015 年 1 月 12 日设立了网络联合特遣部队（Joint Task Force - DoD Information Networks, JTF - DoDIN)，接管了美国网络司令部的网络运维或防御工作，负责指挥、控制、规划、协调、集成和同步国防部防御性网络安全行动，并评估各部门准确检测和缓解国防部网络上的漏洞和异常活动的能力。这标志着国防信息系统局不仅承担网络空间作战支援任务，还开始承担部分网络空间作战任务。

（3）网络司令部

网络司令部属于军令体系机构，即作战单位，对装备提出应用需求（参见图 5—7)。2009 年 6 月 23 日，美国国防部长罗伯特·盖茨（Robert M. Gates）指示在美军战略司令部下设立网络司令部（U. S. Cyber Command)，从而实现美国的网络空间作战力量和能力的统一指挥。①2010 年 5 月 21 日，网络司令部正式运行，与国家安全局同一首长实施“双帽制”领导，总部设在马里兰州的米德堡基地。2018 年 5 月 4 日，

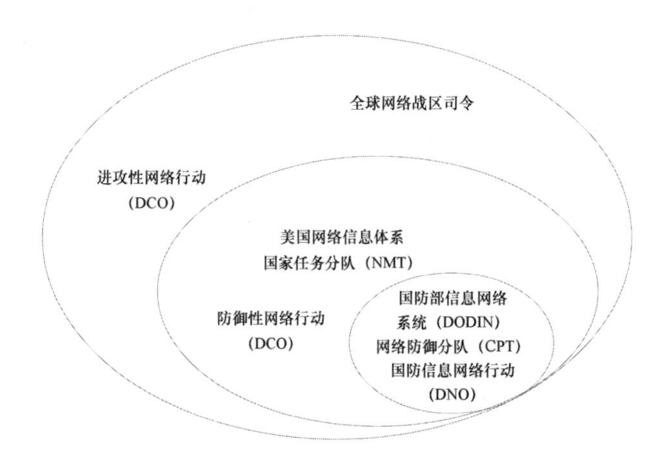

图 5—7　美国网络司令部的使命

① The Department Of Defense, “Establishment of a Subordinate Unified U. S. Cyber Command,” https://info. publicintelligence. net/OSD05914. pdf.（上网时间：2009 年 6 月 24 日）

在特朗普要求下，网络司令部升级为具有作战指挥权的一级联合作战司令部，这一方面是对网络空间在美国国家安全中日益重要地位的认可，另一方面也是对战争性质变化的认知。

美国网络司令部现任司令是陆军上将保罗·中曾根（Paul Nakasone），他同时兼任国家安全局和中央安全局局长。尽管存在着将网络司令部和国家安全局分开领导的呼声，但目前的网络司令部司令中曾根依然兼任国家安全局局长职务，并且在近期不会发生改变。① 美军网络司令部内部架构分为四个军种网络司令部和两个职能司令部（国防部信息网络联合部队司令部、国家任务部队司令部）。另外还设有联合参谋机构支持司令部作战、一体化联合作战指挥中心负责计划和遂行各类网络作战任务和跨组织机构间的协同作战。

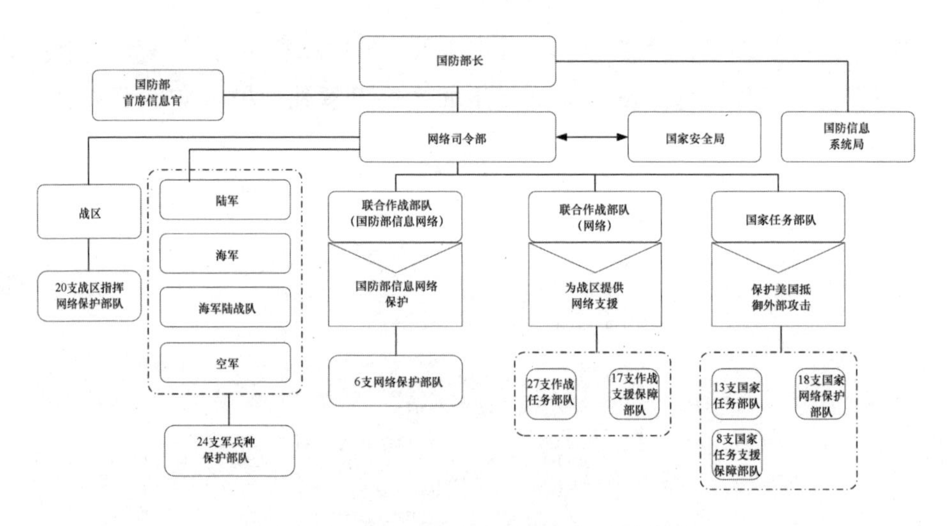

图5—8　美国网络司令部组织体系及构成

（4）国家安全局

美国国家安全局（National Security Agency，NSA）成立于1952年，

① Patrick Tucker："NSA – Cyber Command Chief Recommends No Split Until 2020：Sources，" https：//www. defenseone. com/technology/2019/03/nsa – cyber – command – chief – recommend – no – split – until – 2020/155345/.（上网时间：2019年3月6日）

是美国政府机构中实力最强、规模最大的对外情报机构，是国防部的组成机构，也是国防部情报部门的总体单位。目前国家安全局长由美国网络司令部司令保罗·中曾根兼任，这也说明了国家安全局在网络空间安全中负有重要职责。国家安全局的信号情报和信息保障团队要求全天候评估来自国外的对网络的威胁，与国家政府其他机构进行网络空间安全情报共享（IAD（信息保障部，Information Assurance Directorate）、SID（信号情报部，Signal Intelligence Directorate）以及跨职能单位（Cross - functional Unites）。国家安全局几个中心在网络空间安全中具有举足轻重的地位。国家计算机安全中心（NCSC）发挥主要的威胁评估职能，对国防部和联邦政府网络空间安全进行科学评估，它还对外发布《国防部可信计算机体系评估准则（橘皮书）》。系统与网络攻击中心（SNAC）负责保护计算机网络免遭入侵，它为此出版了全面的网络空间配置指南。此外，美国国家安全局（NSA）还具有很强的研究能力，它组织撰写了著名的《信息保障技术框架》（IATF），将信息系统的信息保障技术层面划分成 4 个焦点域，即局域计算环境、区域边界、网络和基础设施、支撑性基础设施，再在每个焦点域内描述其特有的安全需求和相应的可控选择的技术措施，将信息基础设施的防护扩展到多层。直到现在，《信息保障技术框架》仍在不断完善和修订。

3. 军民协同运行

美国国防部是军民协同治理当之无愧的主体，无论是在国家网络空间安全防护还是对外防御作战，以及先进技术开发等方面，国防部都发挥了重要作用。特别是经过多年的技术积累和实战锻炼，国防部在网络空间安全有实力、有授权、有经验。

美国国防部无论在技术手段还是专业人才储备方面，都具有绝对优势，因此 2015 年 4 月国防部发布的《网络空间战略》非常明确地提出，美国国防部负有保护联邦政府网络安全的职责，说明军方不仅在国家安全，而且在网络空间安全工作中同样首屈一指，将“保卫美国国土与美国国家利益免于遭受具有严重后果的网络空间攻击”作为职责使命和战略目标，并提出“以创新的方式保卫美国关键基础设施”。美国国防部能够获得在网络空间的绝对优势，最为关键的是其网络空间安全领域的技术和人才优势，而这种优势的来源主要是美国长期以来形成的“网络安全产业军民复合体”运行模式。美国国防部在网络空间安全方面投入巨大，即便在奥巴马时期执行国防预算紧缩政策，网络安全方面的预算也保持了增长态势。正是这种高额投入，有效动员了美国的各类企业积极参与到美国网络空间安全产业当中。不仅一些专业的网络空间安全企业，如赛门铁克（Symantec）、迈克菲（McAfee）等，还包括一些传统大型军工企业，如洛克希德·马丁、波音、雷神等，也都进入网络空间安全产业，从而形成了一个庞大的“网络安全产业军事复合体”。

（四）美国情报界

美国情报界是网络空间安全的重要参与者。美国前国家情报总监詹姆斯·R. 克拉珀（James R. Clapper）认为，自从 2013 年开始，网络空间安全就已经超过了恐怖主义，成为美国的头号威胁。[①] 对于网络空间安全威胁，发现和预防至关重要。一是美国情报界是网络空间的重要参与者。尽管“网络战”一词由来已久，但网络空间对于军事和国家安全而言，更重要的应用依然是情报领域。涉及美国情报的所有活动，乃至任何国家情报体系的活动，都与数字体系紧密地交织在一起。[②] 二是情报界的工作对于美国网络空间安全至关重要，特别是情报预警和情报信息共享。“9·11”事件以后，美国形成了以国家情报总监（DNI）为统领，7 个独立机部门 16 个情报机构组成的美国情报界，形成了强大的网络空间信息收集和网络攻击的能力。

确定对手的行为对网络空间防御和进攻都具有重要意义。但鉴于网络空间的复杂性和行为体的多元性，任何单一部门都无法有效应对。特

① Aaron Boyd, “DNI Clapper: Cyber bigger threat than terrorism,” https: //www. federaltimes. com/management/2016/02/04/dni - clapper - cyber - bigger - threat - than - terrorism/. （上网时间：2016 年 2 月 4 日）

② Carter Vance, “The Future of US Intelligence: Challenges and Opportunities,” http: //natoassociation. ca/the - future - of - us - intelligence - challenges - and - opportunities/. （上网时间：2018 年 6 月 27 日）

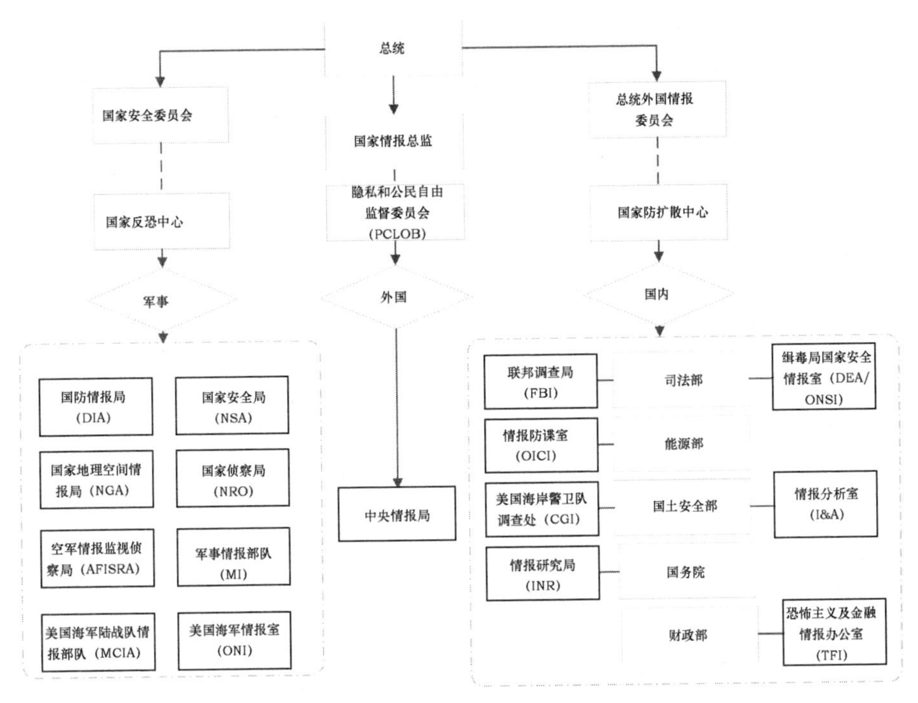

图 5—9 美国情报机构组织构成

别是网络空间威胁与物理威胁不同，威胁发起者无须存储大量武器，一些较低级别的威胁攻击者更不易被发现，但可以造成巨大的损失。在物联网时代，咖啡机或冰箱等设备现在可以成为网络空间安全隐患。因此，美国情报界除了加强自身能力以外，还积极与国土安全部和国防部加强合作，主要通过自动化的数据共享、加强部门间协调，以及加强对网络事件培训提升了情报界应对网络空间安全威胁的能力。① 有学者对 2001 年以来美国情报界应对网络空间威胁成败总结后认为，自从 2009 年成立网络司令部以来，美国情报界应对网络空间能力得到了极大提升。②

---

① Phil Goldstein, "The Intelligence Community's Top 3 Cybersecurity Priorities," https://fedtechmagazine.com/article/2017/08/intelligence – communitys – top – 3 – cybersecurity – priorities. （上网时间：2017 年 8 月 21 日）

② Leslie Stanfield, "Predicting Cyber Attacks: A Study Of The Successes And Failures Of The Intelligence Community," https://smallwarsjournal.com/jrnl/art/predicting – cyber – attacks – a – study – of – the – successes – and – failures – of – the – intelligence – communit.（上网时间：2016 年 7 月 7 日）

第三节　法律政策体系

美国没有专门针对网络空间安全治理军民协同的法律，但是通过一些相关法律，有效推动了网络空间军民主体间的关系协同，提升了应对网络空间安全威胁的能力。网络安全法规包括执行部门的指令和国会保护信息技术和计算机体系的立法。网络安全法规的目的是要求部门和企业采取措施防范网络攻击，保护公民权益。美国对计算机和信息网络立法历史追溯较长，至今相关法律法规超过100部，2001年以后通过的法律、战略和条令等超过20部。如《爱国者法》《联邦信息安全管理法》《网络空间安全法》等。[①] 除此之外，美国还通过发布国家战略、总统行政命令和安全指令、行政部门和国防部发布的政策性文件等同样具有法律效力，构成了完备的网络空间法制保障体系，确保了美国网络空间的军民协同的法制能够做到随着技术发展不断调整，组织架构相对完善，整体呈现体系化发展的态势，为美国网络空间军民基础设施共建、网络空间能力共享、网络空间安全攻防体系提供了坚实保障。

一、美国网络空间立法的军民协同体系化发展

在20世纪90年代美国通过网络信息技术开发带动了整个国家乃至全球经济的转型发展。围绕信息社会转型，美国这一时期的法律主要关注点还是企业或公民个体的网络安全。主要原因是网络空间尚未成型，信息技术对国家安全造成的影响还没有显现，这个时期美国在网络安全立法带有明显的防御和保护倾向。如1996年《健康保险可携带性和责任法案》（HIPAA）、1999年《格雷姆—里奇—比利雷法案》（Gramm -

① 蔡翠红：《美国网络空间先发制人战略的构建及其影响》，《国际问题研究》，2014年第1期，第40—53页。

Leach－Bliley）、2002 年《国土安全法》［其中包括《联邦信息安全管理法》（FISMA）］等。

经过 20 世纪 90 年代的建设，网络信息在美国经济社会发展中的地位已经基本确定，而与之俱来的是安全问题不再局限于互联网和基础设施自身，通过互联网实施诈骗、信息窃取和舆论引导引发社会问题，成为法制建设不得不面对的问题。因此，这个阶段的美国网络空间立法较前一阶段明显积极主动。针对分散性网络安全立法无法应对网络信息空间安全的全局性问题，美国开始大力推进综合性网络空间立法，从而实现各方力量整合维护网络空间安全。在此期间，一是立法强度明显加大；二是立法层次更重视综合性，承载的内容覆盖范围明显扩大；三是立法涉及面更广，需要调节的社会关系更为复杂。因此，这个阶段美国国会提出的有关网络空间立法提案高达 100 多件，最终在奥巴马政府和国会的努力下，于 2015 年通过了《网络安全信息共享法》《国家网络安全促进法》《联邦网络安全人力资源评估法》等综合性网络空间立法。

二、权责法定构建运行顺畅的军民协同管理体系

权责法定是美国联邦政府行政管理的一个重要特征。美国网络空间的管理体系内嵌于美国的联邦治理体系，通过法律设立执行部门或赋予相关部门网络空间管理职能，从而形成了总统领导下军民协同配合的组织运行体制。特别是国土安全部、国防部等具有跨部门职责的网络空间安全责任部门，均需要法律的明确授权。

例如，网络空间安全是不断得到强化的政府治理议题，许多机构都属于新增职能部门，这就需要明确的法律授权。如 1996 年，克林顿政府通过第 13010 号行政令设立了关键基础设施保护委员会。2011 年，奥巴马政府发布第 13587 号行政命令，通过联邦政府层面的体系化设计来协调网络空间安全信息共享和防护。国土安全部的组建依据是 2002 年《国土安全法》。除此之外，法律文件对军民协同还起到确认作用，如通过具有法律效力谅解备忘录等形式促进军民之间合作。随着国土安全部和

网络司令部的成立，美国军民网络空间安全的责任更为清晰，但是合作也更为紧迫，双方均表达了合作的愿望。为此，国防部和国土安全部多年来一直努力促成军民两个管理部门之间的深度合作。2018 年 11 月，时任国防部长吉姆·马蒂斯（Jim Mattis）和国土安全部部长尼尔森（Kirstjen Nielsen）达成军民协同防卫美国网络空间的合作框架，被称为“是促进更紧密合作的重要一步，标志着我们各部门之间合作水平的巨大变化”。①

三、体系化设计实现军民协同法制保障体系的成型

美国网络空间立法和整个美国的立法精神是一致的，如对个人隐私保护的强调，对政府权力的限制、公共信息的公开等。但网络空间安全属于国家安全范畴，是国家利益的核心要素。因此，美国整个网络空间立法是对整个网络空间各个方面的一种规约、体系塑造的过程。通过各个方面的体系化设计，最终实现美国网络空间的法律体系。从军民协同的网络空间能力来看，美国网络空间的法制建设的着力点主要在以下 5 个方面：

第一是信息共享。美国通过法律实现了军民主管机构以及私营部门之间对网络空间安全威胁的共享，同时最大限度地对公民权利予以保护。这方面的法律包括《网络情报共享和保护法案》《网络安全法案》等。

第二是通过法律制度来确定关键基础设施，并提出具体的防卫要求。如《国土安全法案》要求国土安全部对关键基础设施的风险进行评估并采取保护措施。

第三是网络技术开发。2002 年，美国专门出台了《信息网络安全研究与发展法》（Cyber Security Research and Development Act），对企业进行网络空间安全技术开发进行资助。

---

① Lauren C. Williams, “DOD, DHS report advancing cyber cooperation,” https://fcw.com/articles/2018/11/15/dhs-dod-cyber-cooperation.aspx.（上网时间：2018 年 11 月 15 日）

第四是网络空间人才培养。美国能够保持网络空间安全领域的优势，最关键的是人才优势，国土安全部与国家安全局自2004年开始合作实施了“国家学术精英中心”计划。2011年9月，国土安全部和人力资源办公室牵头提出《网络安全人才队伍框架（草案）》。2014年美国国防部启动了“国防部长公司研究员计划”，将15—20名国防部负责网络战的军官安排到科技公司工作一年，然后回到国防部工作，以提升军队网络能力。这都是典型的军民协同人才培养计划。

第五是根据法律设置责任机构。国土安全部、网络司令部等机构的成立，都会有相应的具有法律效力的文件进行规约。

第四节 技术产业体系

美国在网络空间的影响力是以其技术优势和产业体系的完整为基础的，美国在网络空间技术产业层面的军民协同关系可以称之为“军民一体化”，这种军民一体化成为网络空间安全治理军民协同的基础。美国是互联网技术的源头，技术发展相对比较成熟，无论是号称“八大金刚”的技术产业群，还是被称为“网络空间曼哈顿工程”的“国家网络安全综合计划”（CNCI），都体现了美国网络空间产业上的军民一体化特点。这种产业技术体系，既为军服务，也为民服务，形成整体的安全能力体系。

一、产业集群

美国是市场化国家，政府和企业通过资本纽带联系在一起，从而在国家安全领域形成了一种特殊关系，一直为许多研究者所称道。[1] 美国

---

① 吴献东：《军工企业与资本市场和政府的关系：从白宫为什么能“hold”住华尔街上的军工巨头说起》，北京：航空工业出版社，2013年版。

网络空间安全发展到现在，军民协同功不可没，甚至有学者称之为“网络安全产业军民复合体”①，与二战后期形成的“军事—工业复合体”形成对应。美国网络空间安全产业的发展，一方面受军事需求的牵引，从而形成了稳定而充足的科研经费投入；另一方面得益于美国长期以来对基础技术研究的重视，特别是对核心关键技术的干预支持，形成了美国特色的“创新生态体系”。透过美国历年的国家安全战略，保持美国经济繁荣一直是国家安全战略的支柱之一。

在美国政府的支持下，美国形成了一个非常完整的网络信息产业生态体系，包括思科、微软、谷歌、IBM、甲骨文、英特尔、高通、苹果等（号称网络信息的“八大金刚”），一直保持了对从操作系统到核心芯片的绝对控制，在技术实力上保持了绝对的全球优势，成为美国在国际网络空间的“权力”基础。但是美国联邦政府也认识到，正是因为高于85%的关键基础设施均控制在私营部门手中，包括国防、石油和天然气、电网、医疗保健、公用事业、通信、运输、教育、银行和金融等，公私之间保持密切合作至关重要，因此一直以来采取多种手段措施对这些私营部门实施监督控制。

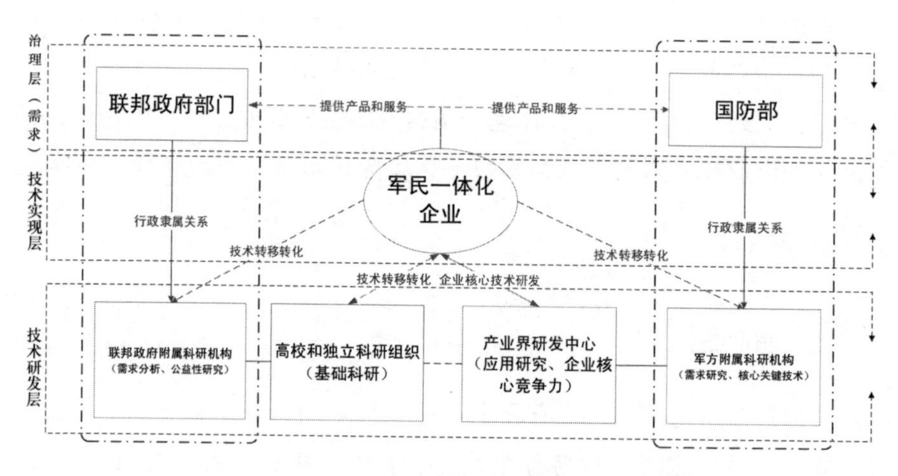

图5—10 美国军民一体化网络空间产业运行体系

① 刘建伟：《美国网络安全产业复合体——推进网络安全和信息化军民融合深度发展的“他山之石”》，《中国信息安全》，2015年第7期，第73—75页。

美国联邦政府与这些私营企业之间保持了非常复杂的关系：一是资本关系。美国大部分军工企业的资本都经历了由财团到公共基金等多种资本构成的过程，因此和联邦政府保持了相对紧密的联系。[①] 二是技术上的联合研发。美国联邦政府和国防实验室尽管数量有限，但是往往专注于前沿性、长期性技术，不受市场波动影响，在基础科研方面具有优势；而企业的研发机构更加专注市场需求和产品开发，从而在科研领域保持了互补性。比如互联网技术、GPS 技术，都是典型的军转民。三是技术转移等方面的安全控制。美国联邦政府历来重视对涉及国家安全的技术实施审查已达到控制的目的，通过法规、管理和技术等综合手段，限制敏感技术的外流，排斥外国网络空间产品进入美国市场。尽管美国号称市场开放国家，但是其国内的软件市场几乎全部为本土企业控制，甚至对消费级电子产品还可以通过《购买美国产品法》来保护本土网络空间安全企业。针对中美战略竞争，2018 年 1 月，美国得克萨斯州共和党众议员科纳韦（CONAWAY）和怀俄明州的众议员切尼（CHENEY）提出了《保护美国政府通讯的法案》，建议禁止政府采购或使用中国华为、大唐和中兴等企业的产品。[②] 另外自 2018 年开始对我国实施“芯片”等高科技产品“禁售”。因此，国家安全始终是高于市场开放的国家安全治理重点。

二、技术体系

美国网络空间安全治理体制能够具有历久弥坚的基础，主要在于军民一体化的网络空间工业和技术基础。美国在安全产业层面的军民协同是有传统的。第一，自 20 世纪 90 年代开始，美国就通过《国防授权法》以及《联邦采办改革法》，明确放松对国防采办的管制，扩大民品采购。

① 吴献东：《军工企业与资本市场和政府的关系：从白宫为什么能“hold”住华尔街上的军工巨头说起》，北京：航空工业出版社，2013 年版。

② 115th Congress, “H. R. 4747 – Defending U. S. Government Communications Act,” https: //www. congress. gov/115/bills/hr4747/BILLS – 115hr4747ih. pdf.（上网时间：2015 年 5 月 12 日）

如《1993年国防授权法》明确提出了军民一体化策略。2015年成立的国防实验单元（DIUx）（2018年已经更名为国防创新单元），也是为了提高采办效率，更快掌握商用技术。第二，强化市场竞争作用，通过市场来提升资源配置效率。2009年5月，奥巴马签署的《2009年武器系统采办改革法》，就强调要推动“竞争最大化”的要求。第三，对中小微企业实施特殊保护政策。美国认为中小微企业是科技创新最具活动的要素，因此把中小企业视为国防能力提升的重要战略来源。美国在网络空间安全方面的更深层次“权力”优势在于技术创新能力。网络信息技术不仅发端于美国，而且成长于美国。美国掌握了几乎网络信息领域几乎所有的核心关键技术和技术标准制定权。

首先，美国在网络空间核心关键技术和产品方面占尽优势。美国网络安全技术产品在全球占领绝大部分市场[①]。目前，绝大多数的网络空间安全产品都是由美国生产或技术上由美国设计，如操作系统、社交网络和搜索引擎等，都体现了美国的竞争优势。仅以操作系统为例，微软操作系统（Microsoft Windows）毫无疑问是世界上最主流的桌面操作系统，占了全球市场份额的76.52%左右，紧随其后的是苹果公司的MacOSX系统，占了18.9%市场份额，而其他操作系统几乎可以忽略不计。[②] 而在移动终端操作系统中，安卓系统占整个市场的70.68%，苹果的iOS占28.79%。[③] 在全球社交网络中，目前最为流行Facebook、YouTube、Whats App、Twitter等，全部为美国控制，在全球具有巨大影响。[④] 而在搜索引擎市场中，美国的谷歌（google）在全球市场更是占据了绝对优势。为了保持美国在搜索引擎上的霸主地位，美国联邦政府甚至协

---

① Kris E. Barcomb, “From Sea Power to Cyber Power, Learning from the Past to Craft a Strategy for the Future,” *Joint Force Quarterly*, Iss 69, 2013, pp. 78 – 83.

② “Desktop Operating System Market Share Worldwide,” https: //gs. statcounter. com/os – market – share/desktop/worldwide.（上网时间：2020年4月15日）

③ “Mobile OS Market Share,” https: //www. statista. com/statistics/272698/global – market – share – held – by – mobile – operating – systems – since – 2009/.（上网时间：2020年4月15日）

④ “World Map of Social Networks,” http: //vincos. it /world – map – of – social – networks/.（上网时间：2020年4月15日）

助谷歌公司千方百计地规避使用《反托拉斯法》。截至 2020 年 4 月，谷歌的市场份额达到 91.89%。其他搜索引擎中，必应（bing）达到 2.79%，雅虎（Yahoo）达到 1.87%，而我国的百度（baidu）搜索引擎占比仅为 1.1% 左右。[①] 而作为新一代信息技术核心的云计算技术，市场主要供应者为美国企业亚马逊、微软、谷歌。美国国防部也制定了专门的《国防部云战略》，希望通过“通用云和专有云”的组合，利用商用云技术优势来解决国防部面临的挑战。[②]

其次，军民通用标准升级为国际标准。自 1972 年以来，美国商务部国家标准与技术研究院就开始与军方（国家安全局）合作，研发测试安全密码标准，并向全社会推广。因此，美国的网络空间技术标准从设计之初就具有了军民协同的基因。20 世纪 80 年代，美国开发了“可信计算机安全评估标准”（TCSEC）和“可依赖网络说明”（TNI）两个计算机安全技术评价标准，并努力向国际社会推广。从 20 世纪 90 年代开始，美国还积极推进“联邦评价标准”（Federation Criteria，FC），并与英国、法国和加拿大等盟友联合制定了“信息技术安全评估通用标准”（Common Criteria for IT Security Evaluation，CC，ISO/IEC 15408），使之成为了国际标准。这种标准制定权对于网络空间安全和技术发展具有绝对优势意义。

三、人才保障

人才是美国网络空间安全优势的核心竞争力，美国历届政府都比较重视人才培养，对人才的重视是美国历届政府一以贯之的战略思想。美国网络空间安全治理能力体系，最为核心的就是通过军民协同，为美国网络空间安全延揽了众多人才。这些人才广布各个领域层次，形成了强

① Search Engine Market Share Worldwide，https：//gs. statcounter. com/search – engine – market – share.（上网时间：2020 年 4 月 20 日）

② Congressional Research Service，“DOD's Cloud Strategy and the JEDI Cloud Procurement，” https：//crsreports. congress. gov/product/pdf/IF/IF11264.（上网时间：2019 年 11 月 13 日）

大的网络空间安全优势。以特朗普政府为例，自特朗普上台以后，不断通过战略性安排，对网络空间安全进行人才布局。

2017 年 5 月，特朗普签署了《加强联邦政府网络与关键基础设施网络安全总统行政令》（第 13800 号），这是特朗普政府的网络空间安全施政纲领，明确提出："发展和培养网络安全专业人才队伍，是实现美国网络空间安全目标的基石。"① 在具体安排上，特朗普政府体现了军民一体化的人才培养思想，提出由商务部长和国土安全部长会同国防部长、劳工部长、教育部长、人事管理办公室主任对美国网络安全人员教育培训工作的范围及成效进行评估，制定合理的人才培养方略。②

2018 年 9 月 20 日，白宫发布了 15 年来首份内容全面的《国家网络战略》，这份文件将高水平的网络安全人才队伍定性为"一项战略性国家安全优势，因此要建设一支更有优势（superior）的网络安全人才队伍"。③ 2019 年 5 月 2 日，特朗普又一次签发第 13870 号总统行政令（《关于美国网络安全人才队伍的行政令》），从人才保障政策、联邦政府网络空间安全人才和国家网络空间安全人才培养三个层面进行了安排，提出"网络空间安全人才是国家战略资产"。④

---

① The White House, "Presidential Executive Order on Strengthening the Cybersecurity of Federal Networks and Critical Infrastructure," https: //www. whitehouse. gov/presidential - actions/presidential - executive - order - strengthening - cybersecurity - federal - networks - critical - infrastructure/.（上网时间：2017 年 5 月 11 日）

② 王星：《从"应对网络空间的史普尼克危机"到"建设更有优势的网安人才队伍"——美国网络安全人才战略发展趋势简析》，《中国信息安全》，2020 年第 4 期，第 54—58 页。

③ The White House, "National Cyber Strategy of United States of America," https: //www. whitehouse. gov/wp - content/uploads/2018/09/National - Cyber - Strategy. pdf.（上网时间：2018 年 9 月 18 日）

④ The White House, "Executive Order on America's Cybersecurity Workforce," https: //www. whitehouse. gov/presidential - actions/executive - order - americas - cybersecurity - workforce/.（上网时间：2019 年 5 月 2 日）

第五节　信息共享体系

体系要素之间发生联系、形成互动，信息交换是必要条件。随着网络安全威胁的加速和变化，美国联邦政府内部军民主管部门之间以及联邦政府与私营企业之间合作应对威胁变得越来越重要。如前所述，美国的关键基础设施主要由私营企业控制运营，国土安全部、国防部如果不依赖私营部门，几乎无法实现国家网络空间安全的目标。因此，不同主体之间信息共享，是实现军民协同维护国家网络空间安全的重要环节。这种信息共享包括基础设施共建、情报信息共享和共同应对威胁三个层面。

一、强化网络信息基础设施共建

如前所述，美国网络空间的发展历程、基本构成都体现了鲜明的军民协同特点，特别是网络信息基础设施建设层面，军民一体化的特点尤为明显。美国的国家网络信息基础设施和国防网络信息基础设施都是由私营企业来建设、维护，并优先保证国家安全需要。全球定位导航系统（GPS）必须要首先保证美国的军事需要，为军队提供导航定位服务，协助武器实现精确打击，然后才是民用导航定位服务。美国的全球信息栅格系统，本身就是由私营企业承包建设，95%的传输任务都是由商业公司来运营。一些大型的国防信息基础设施项目，也由美国的军民一体化网络空间企业来承担建设任务。如“国家网络靶场”最初由美国国防高级研究计划局提出，但实际建设主要依靠洛克希德·马丁等防务企业，是属于军民共用基础设施。信息基础设施共建共享和技术通用，是军民协同能够实现的基础。

二、完善军民信息沟通机制

网络空间基础设施的共建共享，就要求在网络空间安全领域军民之间要具备完整的信息沟通能力。美国在20世纪90年代就提出了“网络空间安全信息共享”的概念①，虽然这一理念并没有专指军民两个体系之间的信息共享，但是在实际应用中却对军民协同发挥了积极作用，打通了军民信息共享的障碍，增强了网络信息安全共享带来的技术能力和资源优势，有利促进了军民主体间共治，逐步建立了一套“政策文件、组织机构、激励和保护机制三位一体的网络空间安全信息共享体系”。②在网络空间发展和网络空间安全保障方面都发挥了重要作用。也成为美国国家安全治理的重要内容，几乎所有的战略政策文件都会提出信息共享的要求，如奥巴马政府时期的《改善关键基础设施的网络安全行政令》《改善私营领域网络安全信息共享行政令》。根据后者成立的“信息共享和分析组织”（ISAOs）成为了政府和私营部门之间网络空间威胁情报信息共享的中心。③ 2015年，美国又出台了《网络安全信息共享法案》，对网络空间安全治理体系中的信息共享做出法律规定，从而确保信息的正常流动。

在机构设置方面，美国形成了以国防网络犯罪中心（DC3）、情报界安全协调中心（IC－SCC）、国家网络空间安全和通信集成中心（NC-CIC）、国家网络空间调查联合工作组（NCIJTF）、国家安全局/中央安全局（NSA/CSS）威胁行动中心（NTOC）、美国网络司令部（USCYBER-COM）联合行动中心（JOC）六大态势感知和信息分析中心的网络空间

---

① 刘金瑞：《美国网络安全立法近期进展及对我国的启示》，《暨南学报（哲学社会科学版）》，2014年第2期，第79—89页。

② 马民虎、方婷、王玥：《美国网络安全信息共享机制及对我国的启示》，《情报杂志》，2016年第3期，第17—23、6页。

③ The White House, “Executive Order – Promoting Private Sector Cybersecurity Information Sharing,” https://www.whitehouse.gov/the－press－office/2015/02/13/executive－order－promoting－private－sector－cybersecurity－information－shari.（上网时间：2015年3月22日）

信息共享体系，总体由国土安全部负责，情报界负责提供情报支撑。目前，美国联邦政府各行业部门均依法建立了信息共享和分析中心（ISACs），负责跨部门以及行业内部的安全信息共享。

三、提升应对网络威胁能力

通过网络空间安全主体间（无论是公共部门还是私营部门）的信息沟通机制建设，各个主体可以在协作的多成员环境中更经济高效地参与安全计划，进行研究和开发以及管理其他资源。通过汇总和分析在可信赖的合作伙伴之间共享的信息，建立公共和私有实体都可以访问的通用操作图，还有助于采取保护措施、缓解措施以及进行协调，有效地应对网络威胁和事件。国家信息共享和分析中心协调员应与部门协调员、部门联络官员和国家经济委员会合作，与关键基础设施的所有者和运营商进行协商，以强烈鼓励建立私有部门的信息共享和分析中心。作为负责关键基础设施保护和网络安全进一步发展的联邦领导部门，国土安全部已制订并实施了众多信息共享计划。通过这些计划，国土安全部建立了伙伴关系，并与拥有和运营国家大部分关键基础设施的私营部门共享实质性信息。这种军民协同沟通机制的建立，有利于形成美国网络空间安全优势（参见图5—11）。

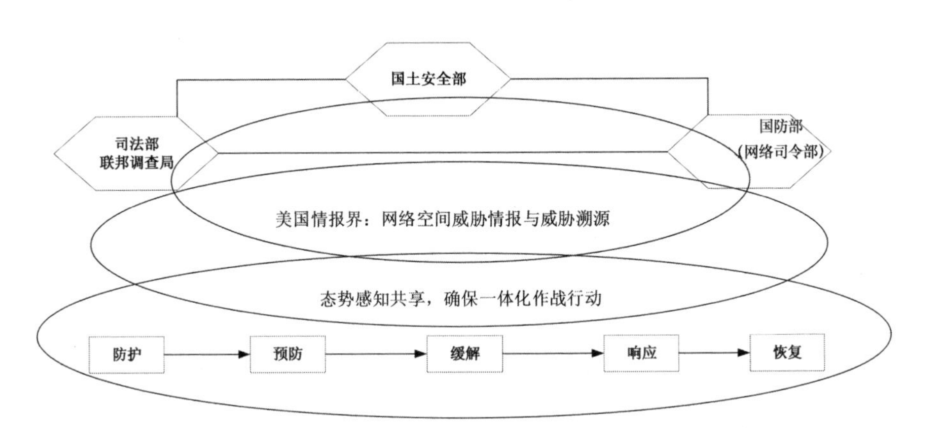

图5—11 美国网络空间安全军民协同态势感知示意图

第六章╱美国网络空间安全治理军民协同成效

所谓战略成效评估，主要包括两个层面：质和量。这种变化和战略的制定与实施具有正相关关系。通过对质变或量变的结果与战略目标进行比对分析，从而判断战略是否达到预期目标。在对美国网络空间安全治理的军民协同效应评估中，本书采用美国学者戈隆兰德（N. E. Gronland）对战略评估的定义："所谓战略评估，就是对战略引发的量和质的变化进行对比，并加入价值判断。"[①] 在前面几章内容，本书已经对美国网络空间安全治理体系进行了"量"和"质"的叙述，本章主要基于前面的叙述对美国网络空间安全治理军民协同的成效进行"价值判断"，即将现有治理机制与美国网络空间安全治理的目标之间进行对标的定性分析（战略实施结果的评估）。鉴于网络空间发展的动态性，特别是目前网络信息技术的发展正值深度转型期，网络空间的形态、应用内容等都存在不可预期性，军民主体对网络空间安全治理的参与程度在不断变化，目前对其整个体系的效果进行评估也只能是阶段性尝试和效能层次的判断。

第一节　网络空间安全治理军民协同体系基本建立

经过多年的努力，美国政府网络安全治理体系与技术保持同步发展，

---

① 张国庆：《公共政策分析》，上海：复旦大学出版社，2004 年版，第 394 页。

战略体系架构已经基本成型，走在了世界前列，军民战略协同已经显示了强大的生命力，网络空间安全防护能力愈益提高。但也应看到，如同所有政治治理一样，美国的网络空间安全治理也同样存在不完善的地方，未来面临着多重挑战：网络信息技术的发展带来的安全问题不可预期，网络空间带来的经济繁荣与安全问题成为一体两面，使网络空间安全的军民协同治理的需求更为紧迫。

一、网络空间安全在国家安全战略体系中独立地位确立

网络空间安全议题已经发展成为美国国家安全战略体系中的单独部分。在特朗普政府2018年颁布的《国家网络战略》中，将网络空间作为独立章节，标志着网络空间已经成为国家安全中一个单独的构成，已经成为国家安全战略的重要组成和支柱。回顾美国网络空间安全战略发展历程可以发现，网络空间在美国的国家安全战略议程中是随着技术发展而逐渐成熟的，这也决定了国家安全治理层面需要一个认知的过程。自从小布什政府开始，美国联邦政府对网络空间安全治理不断地调整、完善。小布什政府的关注点实际上是在克林顿政府时期基础上的延续，重点是国内关键信息基础设施的建设与防御；奥巴马政府在前任建设的基础上，重点推动网络空间的国际合作与竞争。而2018年特朗普政府的《国家网络战略》，则是对网络空间发展成熟的一种认知，战略聚焦国家安全和经济繁荣两大方向，要求国防部和国土安全部等各个政府部门对标落实，统一应对挑战、目标和行动计划的格式，从而为军民主体间的有效协同在战略层面创造了条件。

美国国土安全部在2018年5月颁布了《网络安全战略》，国防部于2018年9月颁布了《国防部网络战略》、12月颁布了《国防部云战略》。这一系列的战略部署，从顶层设计到具体落实、组织架构和资源配置，特朗普政府时期都做到了战略与实践并重、进攻与防守并重、经济与安全并重，美国网络空间已经完全具备与陆、海、空、天等同等重要的战略地位，成为国家安全战略体系中的一个重要支柱。

二、网络空间安全军民协同治理体系架构基本成型

美国网络信息技术发展经历了军转民、民参军和军民协同发展的历程。网络空间安全治理的军民协同作为一个议题提出也是因为国家安全的需要，因此特朗普政府时期，美国网络空间安全治理进一步呈现机制化发展趋势，将网络空间融入国家安全决策体系，实现体系化安排。这种制度性安排在顶层战略上保证了军民主管部门能够在国家安全的层面实现有效协同，如原有的网络空间办公室职能纳入国家安全委员会，由国家安全委员会做顶层协调，而国防部和国土安全部都是国家安全委员会的法定成员。

这种军民协同的治理架构在特朗普的第 13800 号总统行政令中得到了法理上的确认，从而形成了具有军民协同特征的网络空间安全治理的组织架构，呈现出一种“1 + 4 + 2”的组织框架［白宫即总统作为军民两方面都具有领导权的统领，军民相关四个内阁部门：国土安全部、国防部、国家情报总监办公室和国务院（主要是管理和预算办公室）履行跨部门职能，财政部和司法部提供政策法律支持］，这些部门按照各自职能范围独立或联合执行网络经济、网络外交、网络军事、网络情报和网络安全政策。[①] 另外，特朗普政府不仅治理网络空间，同时也在建设发展网络空间。2017 年，特朗普政府在白宫行政序列中增设“美国创新办公室”[②]，其成立之初就明确要“将内部资源与私营部门的创新和创造力结合来确定和实施解决方案”，通过网络空间来实现经济增长的理念。

---

① 汪晓风：《“美国优先”与特朗普政府网络战略的重构》，《复旦学报（社会科学版）》，2019 年第 4 期，第 179—188 页。

② The White House, “President Donald J. Trump Announces the White House Office of American Innovation (OAI),” https: //www. whitehouse. gov/briefings - statements/president - donald - j - trump - announces - white - house - office - american - innovation - oai/. （上网时间：2017 年 3 月 27 日）

三、网络空间安全信息技术水平不断得到改进

随着网络信息技术的不断丰富、进步，网络空间威胁也更为复杂，对国家经济发展与安全的破坏力更为强大。“魔高一尺、道高一丈”，美国政府也在针对外威胁不断强化军民协同能力、提升技术创新能力来提高抵御风险水平。以国家网络综合计划中的“爱因斯坦计划”为例，目前已经发展到了“爱因斯坦 3”阶段，被称为“爱因斯坦增强版”（E3A）。通过这一计划，美国计算机应急响应小组的监控能力和情报收集能力得到前所未有的提升，可以直接从包括联邦政府在内网络空间进行实时检测，甚至对确定性威胁直接做出反击行为。联邦政府大部分机构以及一些企业都部署了“爱因斯坦”系统，在识别和降低网络攻击方面已获得极大成功。[①] 2012 年 10 月，时任国防部长莱昂·帕内塔（Leon Panetta）对外宣称：“多年来，美国为解决网络攻击的归因溯源投入了大量人力、物力和财力，现在这些投入已经得到了回报，美军有能力追踪到计算机网络攻击的源头。”[②] 目前这一成果已经在军民网络空间监测中应用多年，无论是技术还是应用水平，都与以往不可同日而语。根据美国国防部首席网络顾问的说法，网络安全专家估计，通过实施基本的网络卫生和共享最佳实践，可以击败 90% 的网络攻击。[③] 这种信心的根源主要来自技术上的先进和军民协同治理取得的成效。

---

① Frost & Sullivan, “Defending the Homeland in CyberSpace: Developing, Testing and Improving Cyber Security Strategy,” http://www.frost.com/sublib/display-report.do?bdata=bnVsbEB%2BQEJhY2tAfkAxMzQ4MjYzODE4NTQ5&id=9856-00-0F-00-00.（上网时间：2013 年 1 月 25 日）

② 徐龙第：《美国“先发制人”网络打击政策的背景条件与挑战》，《当代世界》，2013 年第 7 期，第 64 页。

③ GAO, “DOD Needs to Take Decisive Actions to Improve Cybersecurity Hygiene,” https://www.securitymagazine.com/articles/92160-gao-dod-needs-to-take-decisive-actions-to-improve-cybersecurity-hygiene.（上网时间：2020 年 4 月 16 日）

四、军民协同抗击外部网络空间威胁能力提升

奥巴马在2016年的第41号总统政策指令中指出：各种政府实体在网络空间安全中具有不同的角色、职责、权限和功能，但是它们之间必须通过协调努力才能获得最佳结果。无论哪个联邦机构首先了解到网络事件，都会迅速通知其他相关联邦机构，以促进统一的联邦响应并确保适当的机构组合对特定事件做出响应。[①] 自2009年美国网络司令部成立以来，美国已经形成了完整的攻防能力，极大提升了美国网络空间安全的成效。美国时任网络司令部司令基思·亚历山大将军（Keith B. Alexander）就非常自信地宣称："网络进攻需要在敌对网络深入、持久和广泛地存在，以便精确地产生效果，我们具有这种访问能力，我们开发了先进技能和技巧来发展进攻能力。当获得授权提供进攻性网络效果时，我们的技术和运营优势将为我们的对手的系统带来无与伦比的效果。"[②] 2018年网络司令部升格为一级作战司令部之后，提出了"持久参与"的作战理念，这种作战理念比较冷静地看待网络空间作战域与传统作战空间的不同，特别重视国防部与其他联邦机构、私营企业和国际合作伙伴的关系，认为网络战"平战结合"特点明显，大部分作战都发生在武装冲突的"阈值以下"，因此改变了战争的"组织方式、训练方式和部队使用方式"。[③] 2019年，美国通过网络攻击对伊朗进行了攻击，"特朗普总统批准了一次进攻性网络攻击，该攻击使伊朗伊斯兰革命卫队用来控制火箭和导弹发射的计算机系统瘫痪。尽管削弱了伊朗的军事指挥和控制系统，但该行动并未造成人员伤亡或平民伤亡，这与常规打击形成了

---

① The White House, "Presidential Policy Directive - - United States Cyber Incident Coordination," https://fas. org/irp/offdocs/ppd/ppd - 41. html.（上网时间：2016年7月26日）

② Steven Aftergood, "US Cyber Offense is The Best in the World," https://fas. org/blogs/secrecy/2013/08/cyber - offense/.（上网时间：2013年8月26日）

③ Mark Pomerleau, "Cyber Command tested 'persistent engagement' in June exercise," https://www. fifthdomain. com/dod/cybercom/2019/07/16/cyber - command - tested - persistent - engagement - in - june - exercise/.（上网时间：2019年7月16日）

鲜明对比”。[①]

第二节　网络空间安全治理军民协同效果显著提升

经过技术的不断演进和政府治理的不断推动，美国网络空间安全治理的军民协同积累了经验、形成了能力，基本上形成了与美国霸权相当的地位，构成了军民协同的网络空间安全治理体系，在战略统筹、设立协调机构、加强法制几个层面实现了有效治理的目标。

一、战略规划实现了体系化统筹

对战略规划层面的重视是美国网络空间安全能够实现军民协同的首要因素。回顾美国自克林顿政府以来的国家安全战略和网络空间安全战略，以及部门出台的专业战略文件，均强调部门间合作、军民协同发展。在美国系列战略规划中可以发现，要素整合一直是战略规划的主基调，美国长期以来就强调利用政府资源调配的权力，将联邦政府中军民两类机构、私营部门、智库内的专家，以及普通民众等各种力量整合起来，在国家安全的名义下实现资源重组能力集成。2001 年，小布什政府建立了“总统关键基础设施保护委员会”（第 13231 号行政令），作为总统的行政机构专门负责国家的信息安全工作，从而为联邦政府的军民两类机构合作提供了顶层的机制保证。2011 年，国防部出台了《网络空间行动战略》明确指出要加强与私营部门实现军民协同，有效应对国家面临的安全问题。2015 年，美国国防部发布的新版《网络空间战略》提出，国防部对国家网络基础设施负有责任，要保护民用网络空间基础设施，从

---

① Zak Doffman, U. S. Attacks Iran With Cyber Not Missiles—A Game Changer, Not A Back-track, https：//gellerreport. com/2019/06/us－cyber－attack－iran－gamechanger. html/. （上网时间：2019 年 6 月 23 日）

而为网络空间作战提供可靠的网络空间基础服务保障。2018 年 9 月，特朗普政府出台《国家网络战略》《国防部网络安全战略》和《国土安全部网络战略》等，都重视军民关系协同问题，特别是特朗普政府大力倡导的“全政府”治理理念，强调要建设一个由军民多主体全方位参与，战略、战术与技术有效融合，共同应对各类威胁的网络空间安全体系。[①] 这种在战略上的部署，对于军民主体之间协同具有重要意义：一方面在国家安全框架下统筹网络空间行动计划，主体参与愿望较强烈；另一方面提升了联邦政府的国家安全治理能力，特别是提高了政府整合各种力量形成一体化能力的力度。

二、基础设施共建共享效果良好

美国网络空间基础设施建设经过了几任总统的迭代演进：克林顿政府的网络空间基础设施建设期、小布什政府到奥巴马政府时期的网络空间发展期、特朗普政府时期的网络空间竞争期。从冷战结束到“9·11”事件发生这段时期，美国的重心是信息化基础设施建设，启动了“信息高速公路计划”、国家信息基础设施计划（NII）、国防信息基础设施建设计划（DII）、国防部的全球信息栅格计划（GIG）等。通过这些大规模的国家推进计划，美国建成了覆盖全球、被全世界接纳的商用互联网和军事指挥网。这两个网的建成，是美国网络空间体系成型的物质基础，“军民协同”也成为美国网络空间安全治理的基本特点，从建设主体到基础设施的使用，军民两个主体能够实现共建共享。首先，国防网络空间基础设施少量自建，大部分都是租用民用网络。其次，在技术层面，美国联邦政府和国防部是网络空间的参与者，但不是技术开发者和设计者。美国除了极少量的军用或情报部门的专用技术外，大部分基础性技术研发和设施建设都是由私营企业来完成的，双方在基础设施建设过程

---

① The White House, “National Cyber Strategy,” https://www.whitehouse.gov/wp-content/uploads/2018/09/National-Cyber-Strategy.pdf.（上网时间：2018 年 9 月 18 日）

中充分合作，然后形成能力。

在实现军民协同发展过程中，美国同样存在不同部门、群体之间的利益矛盾。例如，2010 年美国国家安全局承担一项“完美公民”的网络防护计划，为国家电力系统的网络提供防护。从部门职能看，电力系统属于民用网络基础设施，按照职能划分属于国土安全部，但是却由属于国防部的国家安全局主导。一般而言，国土安全部对联邦政府网络安全负责，但 2015 年《国防部网络安全战略》提出，国防部还需要积极发挥作用，保卫国土和国家利益免受网络攻击。① 这主要是因为长期以来，国防部的指挥控制和通信等方面对网络需求较高，加上稳定的国防投入，无论是技术手段还是人才方面，国防部相比国土安全部都更胜一筹，因此在网络空间安全方面表现更为强势。为解决这种力量不平衡的难题，奥巴马政府曾于 2009 年成立隶属白宫的网络空间办公室来协调两者的关系，暂时缓解了两者主导权冲突。国土安全部和国防部还通过签署备忘录的方式，加强军民两方合作，当时的国防部副部长威廉·林恩（William J. Lynn III）和网络空间司令部司令基思·亚历山大都曾经表示，美国国防部愿意为民事机构的网络空间安全提供军事力量的援助支援，必要时军事力量都要“将处于民事部门的领导人控制之下，根据民事法律使用网络空间力量”。②

三、技术产业实现了军民一体化

美国的网络空间安全必然采取军民协同的治理模式，这是由美国的“军民一体化”网络空间产业体系决定的，也就是一些学者所谓的“网络安全产业军民复合体”。冷战后，美国大力推进科技的军民一体化发

① The Department of Defense, “The Department Of Defense Cyber Strategy,” https: //info. publicintelligence. net/DoD - CyberStrategy. pdf.（上网时间：2015 年 4 月 17 日）

② W. J. Lynn III,“Deputy Secretary of Defense Speech: Remarks on Cyber at the RSA Conference,” https: //archive. defense. gov/speeches/speech. aspx? speechid = 1535.（上网时间：2011 年 2 月 15 日）

展，取得重要成果。私营企业对美国科研的贡献率不断提升，研发投入已经超过了联邦政府，“由私营部门资助的基础研究大幅增长，私营部门为基础研究提供的资金已经超过了联邦政府。这不是因为联邦政府停止了对基础研究的资助，而是因为美国企业有创造的自由，有投资和探索新想法的自由”。[①] 美军国防信息基础设施建设整个路径遵循了军民通用的原则，开发的军用信息技术都考虑兼容、协调发展问题。信息技术的发展规律导致专门军事信息产品常常比商用产品落后，加之对各种传感器、武器平台集成时间和专用软件开发时间，因此美军的国防信息基础设施建设始终大量应用商用技术。在美国，私营部门掌握90%以上网络空间基础设施，研发核心技术也主要依靠私营企业[②]，“参与承担美国网络空间防务的私人承包商多达1930家”。[③] 目前美军全球指挥控制所依赖的“全球信息栅格”系统，基本都是由私营企业承担建设。据统计，“全球信息栅格”系统80%的技术和产品都是纯民用的，95%以上的传输业务由商业公司承担。[④] 在系统设计中，为了保证军民通用性，还为民用合作伙伴预留接口，从而实现了同时为军和民服务的目标。[⑤] 而作为联合信息环境继承者的美军信息技术现代化项目“联合信息环境”（JIE）也是典型的军民融合项目，其核心技术云计算就是典型的商用技术。

四、信息沟通机制建设更为完善

信息共享是美国网络空间安全治理的一个重要理念，对于美国网络

---

① Will Thomas, “Droegemeier Outlines Agenda in First Speech as OSTP Director,” https://www.aip.org/fyi/2019/droegemeier-outlines-agenda-first-speech-ostp-director.（上网时间：2019年2月20日）

② 赵超阳、谢冰峰、王磊：《变革之路Ⅱ——美国国防科技管理改革与变迁》，北京：军事科学出版社，2018年版。

③ 吕晶华：《美国网络空间军民融合的经验与启示》，《中国信息安全》，2016年第8期，第67—70页。

④ 杜雁芸：《美国网络安全领域军民融合的发展路径分析》，《中国信息安全》，2016年第8期，第63—66页。

⑤ 计宏亮、赵楠：《论美军国防信息基础设施的演变与推进》，《飞航导弹》，2016年第1期，第9—14页。

空间安全治理体系的完善和基础能力的提升都发挥了非常重要的作用。信息共享是网络空间安全治理，特别是军民协同的重要手段，在政策与法律保障、专门政府责任机构、信息共享平台等方面，形成了比较完备的军民协同信息沟通机制。2002 年，美国通过了《国土安全法》，要求各部门和各行业都要设立信息共享和分析组织，作为部门之间和机构之间信息集成、分析和披露的基本机构，确立了关键基础设施的信息共享程序。此后，网络空间安全信息交流逐渐实现了体系化、机制化。2015 年 2 月，奥巴马在斯坦福大学召开的“网络安全峰会”上再次强调了信息共享对于网络空间安全的重要性。[①] 此后不久，奥巴马签署了《推动私营机构网络安全信息共享的行政令》（第 13691 号），对网络安全威胁信息共享提出具体的要求。[②] 2015 年年底通过的年度《综合财政拨款法》中，一并出台了《网络安全信息共享法》，使信息共享有了专门的法律保障。

尽管如此，信息共享也是网络空间安全面临的难题之一。从事战争和情报工作的美国军方和其他政府部门面临的最大问题之一，是私营部门不愿与军方和政府部门共享信息，也不愿彼此共享。[③] 对于该法律要求企业为了国家安全目的与政府共享信息的要求，一些信息企业表达了抗拒，如苹果公司的蒂莫西·库克（Timothy D. Cook）坚持认为，美国政府向企业索要私人信息会危及美国公民的个人隐私和言论自由。[④]

为落实军民网络空间安全信息共享的战略要求，美国一方面明确了

---

① Barack Obama, “Remarks by the President at the Cybersecurity and Consumer Protection Summit,” https://obamawhitehouse.archives.gov/the-press-office/2015/02/13/remarks-president-cybersecurity-and-consumer-protection-summit.（上网时间：2015 年 2 月 13 日）

② Executive Order, “Promoting Private Sector Cybersecurity Information Sharing,” https://www.govinfo.gov/content/pkg/FR-2015-02-20/pdf/2015-03714.pdf.（上网时间：2015 年 2 月 20 日）

③ Paul D. Shinkman, “America Is Losing the Cyber War,” https://www.usnews.com/news/articles/2016-09-29/cyber-wars-how-the-us-stacks-up-against-its-digital-adversaries.（上网时间：2016 年 9 月 29 日）

④ Amanda Holpuch, “Tim Cook Says Apple's Refusal to Unlock iPhone for FBI Is A ‘Civil Liberties’ Issue,” https://www.theguardian.com/technology/2016/feb/22/tim-cookapple-refusal-unlock-iphone-fbi-civil-liberties.（上网时间：2016 年 2 月 22 日）

具体的战略实施机构，由国土安全部作为美国网络安全信息共享的枢纽，下设国家网络安全和通信一体化中心（2018 年整体并入 CISA）。另外，美国最大的信息沟通来源来自情报界。2015 年 2 月，美国在国家情报总监办公室下新增设立网络威胁与情报整合中心（CTIIC）。该中心具有跨部门和军民协同的职能，通过对来自国土安全部、国家安全局、联邦调查局和中央情报局等部门搜集到的网络威胁信息，与私营企业共享，防范和应对国家遭受的网络威胁，这一点对于军民协同能力形成发挥了非常重要的作用。

另一方面，美国也通过搭建信息共享平台，从而让信息共享机制更为社会化、公开化，提升了情报预警效力和技术合作的广度。为促进军民产业技术的合作，美国设立了“国防部创新市场”“联邦政府商业机会”“国防部技术对接”“技术需求”“小企业创新计划”等信息发布平台，形成军民产业技术信息的对接机制。“棱镜门”事件的曝光已经说明，长期以来，美国军方、情报部门和网络空间安全相关的企业之间是存在深入合作关系的，而且美国通过这种关系在网络空间攻防能力形成方面发挥了重要作用。为了进一步强化这种合作，美国国防部在 2015 年专门成立“国防创新试验单元”（DIUx）（目前已经更名为国防创新单元 DIU），推进军民之间技术交流。上述举措在某种程度上缓解了私营企业和军政部门之间信息共享的矛盾。

五、军民协同作战能力显著提升

网络战争是指使用计算机技术来破坏国家或组织的活动。攻击可能导致官方政府或公司的网站和网络瘫痪，破坏甚至禁用基本服务，并且令人恐惧，损害主要设施和基础设施网络，窃取或修改机密数据，破坏金融体系，甚至决定超级大国总统选举的结果。战争是政治的继续，也是国家安全矛盾的重要表现。美国学者布鲁斯·伯科威茨在 1995 年发表的文章中就研究了未来网络空间作战的军民关系问题：“在未来的网络空

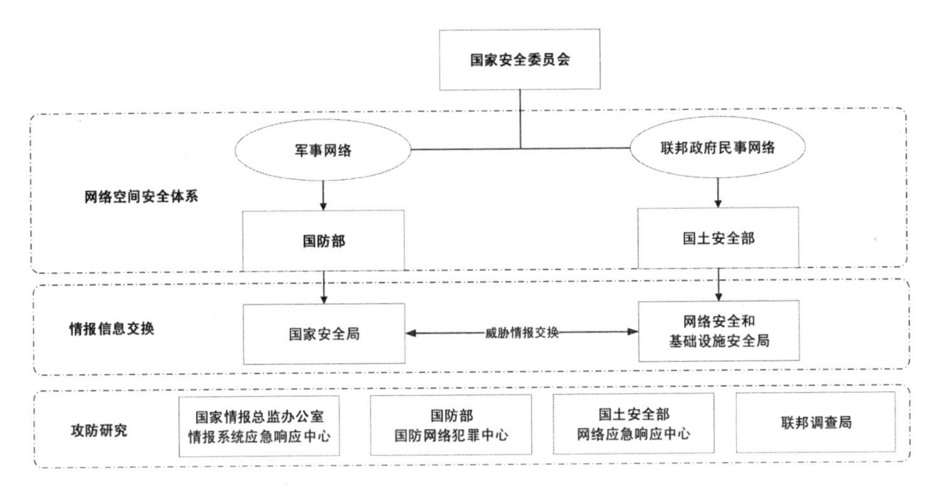

图 6—1 网络空间军民协同态势感知体系

间作战中，民事网络信息系统将成为网络攻击的首要目标。”① 目前多达120个国家已经拥有了网络攻击武器，但美国拥有最强大的进攻性网络能力。2013年的“棱镜门”事件凸显了美国在网络霸权竞赛中的先进程度。该事件透漏，美国打算将网络空间变成战场，美国政府希望获得信息主导权。但美国对网络空间安全威胁有着非常清晰的认知，甚至美国担心自己正在失去这场战争。②

尽管美国的网络攻防能力如何，拥有哪些具体的网络攻击武器，特别是技术细节都属于高度机密。但是种种迹象表明：经过近年来的苦心经营，美国已经拥有了世界上最强大的网络空间作战能力。③ 这种能力的形成主要得益于军民一体化的产业基础以及军民协同的网络空间安全

---

① Bruce Berkowitz, Warfare in the Information Age, *Science and Technology*, Fall 1995, p. 61.

② Gopal Ratnam, John M. Donnelly, “America is woefully unprepared for cyber – warfare,” https: //www. rollcall. com/2019/07/11/america – is – woefully – unprepared – for – cyber – warfare/.（上网时间：2019年7月11日）

③ Danny Vinik, “America’s secret arsenal,” https: //www. politico. com/agenda/story/2015/12/defense – department – cyber – offense – strategy – 000331/.（上网时间：2015年12月9日）

治理体系，美军甚至已经将网络运营商纳入其常规军事单位。① 特别是2010年成立网络司令部以后，美国的网络空间攻防能力得到极大提升。美国不断开发更为先进的进攻性武器。2010年针对伊朗的“震网”“Stuxnet”、2013年的“棱镜门”事件、2014年针对朝鲜的网络中断事件等，都表明了美国的网络进攻能力，全面的网络攻击有可能造成仅由核战争才能造成的损害。② 美国的作战力量也在不断充实，在网络司令部的主导下，目前已经形成了133支网络空间作战任务部队和4支网络空间联合作战指挥部，具备在总统或国防部长指示下进行一体化作战的能力。这支作战力量不仅要维护军事网络，同时还要保卫国家网络空间安全的攻防能力。③

六、军民人才培养取得重大进展

得益于更好的组织和资源配置，美国联邦政府目前正与快速增长的网络威胁保持同步，但仍然面临严重的网络安全劳动力短缺问题。上述美国军民协同治理能力的形成，最为核心的是美国军民一体化的网络空间人才培养体系，军民通用人才加上军民人才队伍的交流制度才让美国保持了持续的创新型人才队伍。美国国防部和情报部门除了自己培养网络空间安全人才以外，更多的人才来自普通高等院校。2008年启动的国家网络安全综合计划（CNCI）就专门将网络空间人才培养列为专门任务（第8项），并将其比作20世纪50年代的国防教育计划，教育对象定位为覆盖整个国家的网络安全专业人员、储备人员和普通民众。2019年，美国启动了包括11个联邦机构在内的公私合营伙伴关系的“网络安全人

---

① Paul D. Shinkman, America Is Losing the Cyber War. https://www.usnews.com/news/articles/2016-09-29/cyber-wars-how-the-us-stacks-up-against-its-digital-adversaries.（上网时间：2016年9月29日）

② Danny Vinik, “America's secret arsenal,” https://www.politico.com/agenda/story/2015/12/defense-department-cyber-offense-strategy-000331/.（上网时间：2015年12月9日）

③ Danny Vinik, “America's secret arsenal,” https://www.politico.com/agenda/story/2015/12/defense-department-cyber-offense-strategy-000331/.（上网时间：2015年12月9日）

才计划”，以改善与数十万个与网络相关的职位空缺的劳动力队伍。[①] 综而观之，人才优势是美国网络空间霸权的最核心竞争力，但随着网络空间的发展变革，美国网络空间职位空缺和人才不足也成为未来应对网络空间安全威胁的挑战之一。因此，美国也采取了军民协同的方式，不断优化网络空间安全人才体系的构成。

第三节　网络空间安全治理的军民协同提升了国际影响力

“权力”是现实主义的一个核心概念，但是新现实主义认为，权力本身是手段而不是终极目标，安全才是目标。从实践方面来看，美国联邦政府在网络空间安全政策制定和外交行为方面，体现了新现实主义的这种判定。通过增强网络空间的“权力”来实现绝对的“安全”是主导美国网络空间安全治理的基本思路。美国通过网络空间安全军民协同治理，不仅提升了“硬实力”，同时也形成了网络空间的“软实力”，在标准、规则等方面都掌握了“话语权”，在某种程度上甚至实现了“不战而屈人之兵”。[②]

一、军民协同展示了美国网络空间的权力优势

美国一直坚持现实主义追求“权力”的基本逻辑，在信息和网络技术水平、网络基础设施建设方面在全球拥有绝对的“权力优势”。近年来，在美国联邦政府的积极推动下，美国已经基本完成了网络空间的军

① Dave Nyczepir, “11 federal agencies help start Cybersecurity Talent Initiative,” https：//www. fedscoop. com/federal - cybersecurity - talent - initiative/.（上网时间：2019 年 4 月 9 日）

② David C. Gompert, Hans Binnendijk, “The Power to Coerce Countering Adversaries Without Going to War,” https：//www. rand. org/pubs/research_reports/RR1000. html.（上网时间：2016 年 2 月 26 日）

事化，形成了网络空间霸权地位。在技术上不断研发新的网络作战武器。2012年，美国启动了一项高度机密的网络空间“X计划”，研发对全球监控能力，开发集成网络攻击和物理攻击的一体化作战平台。2013年曝光的“棱镜门”事件，让美国情报机构早在2007年就已经启动的“棱镜”计划曝光，展示了美国利用网络空间进行“权力塑造”的努力长期以来一直存在。另外，该计划透露，谷歌、苹果、思科、微软、Facebook等美国网络空间安全产业的大企业，都积极参与了美国的全球监控计划，一旦发生网络空间战，都将成为美国网络空间的军事力量构成。但是回顾美国国防部的网络空间战略可以看出，长期以来美国在网络空间保持了某种程度的克制，更多依靠规范和威慑力来对抗网络威胁，成为美国在国际网络空间中的权力优势。因此，美国在特朗普政府时期对网络空间战略做出了重大调整，一方面在2018年将网络空间司令部升格为一级作战司令部，另一方面提出了“持久参与”的网络空间作战理念。实际上，“持久参与”是一种“平战结合、攻防结合”的作战理念。与奥巴马政府时期强调规则、外交、对话等手段不同，“持久参与”强调的是对敌实施长期对抗战略，“将不再是仅为国防部信息网络保护，而是转向关键基础设施和国内合作伙伴关系”。

二、军民协同提升了美国在网络空间的“软实力”

美国长期以来一直积极利用网络空间，从而在国际舞台上构建了有利于美国的权力、制度和文化。一方面，美国在网络空间掌控了制度“权力”。美国现行主导的国际体系是以联合国、世界贸易组织，以及国际货币基金组织和世界银行为三大支柱，在网络信息时代，这三大体系与网络空间已经实现共生共治，美国利用这三大支柱，配合遍布世界的军事基地和各类军事政治同盟，构建了第二次世界大战后以来的霸权体系，这种“权力”自然会在网络空间延伸。另一方面，美国对于网络空间的技术架构体系具有先在优势和创新优势，进一步形成了网络空间的技术基础“权力”。通过掌握基于IP/TCP协议的域名分配权和根服务器，美国规定了网络用户地址分配和信息传输方式，自然也嵌入了其理想的结构性权力。

美国在网络空间的权力优势与其在传统物理空间的权力优势相得益彰，而获取网络空间优势又在某种程度上增强了美国在国际上的话语权，这种话语权的获得既有战略布局、军事优势的原因，也有科技创新、市场竞争带来的商业活力因素。美国一方面通过军民协同的技术研发，通过长期累积形成了技术上的优势，掌握了网络空间的核心关键技术，形成了美国网络空间的技术产业体系。另一方面，更为重要的是美国也是网络空间的积极塑造者和利用者，通过网络空间来塑造美国的国际影响，推广美国的价值观。"自立国之初，美国人就一直为价值观与其他利益相结合而绞尽脑汁，并长期以来矢志不渝。"[①] 而网络空间的诞生，为美国的价值观追求提供了极其便利且强大的发展路径。网络空间既能发挥硬实力作用，造成物理毁伤，形成强大的威慑效果；又可以发挥"叙事优势"，形成"吸引"力量，通过"软实力"来影响他国的意愿和决策。

三、军民协同提升了美国在网络空间的国际话语霸权

美国作为全球网络空间长期以来的霸主是不争的事实，它一直坚持按照自己的利益和需要来为国际社会制定游戏规则，以便尽可能长时期地维持对自己有利的国际秩序和力量格局。[②] 对于网络空间而言，美国除了重视基础设施和产业创新外，也注重话语权的塑造，特别是在奥巴马政府时期，美国更加重视国际规则和相应制度的重要性，力图"为全球网络空间提供一份运行指南，指导各国如何遵守规则、履行义

---

① ［美］约瑟夫·奈：《美国霸权的困惑——为什么美国不能独断专行》，北京：世界知识出版社，2002年版，第158页。

② ［美］梅尔文·P. 莱弗勒，孙建中译：《权力优势：国家安全、杜鲁门主义与冷战》，北京：商务印书馆，2019年版：第IX页。

务，维护秩序”。[①] 美国认为网络空间就如同西部大开发时期的美国西区地区[②]，键盘就如同左轮手枪，黑客就是网络荒野上的骑士。[③] 因此，美国特别重视国际规则的建立，从而反映美国的核心价值观。奥巴马政府在《网络空间国际战略》中列举了一系列规范和原则，包括“支持基本自由、尊重财产权、尊重隐私等”。[④] 这些明显是美国价值观的体现。2013 年 3 月，北大西洋公约组织推出了企图构建关于网络战国际法律体系的《塔林手册》。[⑤] 该手册是国际红十字会、美国网络司令部以及北约盟军转型司令部的法律专家共同努力形成的成果。

为实现美国对网络空间国际规范的主导，美国经常将网络空间技术比作当初的大规模杀伤性武器，因此提出设立类似防止大规模武器扩散机制的网络空间国际规范，竭力利用一切可以使用的国际工具来实现国际网络空间安全的可控，在具体实施中包括了主张（advocacy）、合作（cooperation）、规范（norms）和遏制（deterrence）等环节。[⑥] 美国提出了建立国际规则的建议后，一般会协调西方盟友的支持，然后在国际组织中提出主张，争取使这种主张在法理上得到国际社会确认，而后对潜

---

① The White House, “International Strategy for Cyberspace: Prosperity, Security, and Openness in a Networked World,” May 2011, p. 10. https://obamawhitehouse.archives.gov/sites/default/files/rss_viewer/international_strategy_for_cyberspace.pdf.（上网时间：2011 年 5 月 15 日）

② James A. Lewis, “Cyber War and Competition in the China – U. S. Relationship,” http://csis.org/publication/cyber – war – and – competition – china – us – relationship.（上网时间：2010 年 5 月 13 日）

③ Gregory J. Rattray, “An Environmental Approach to Understanding Cyberpower,” in Franklin D. Kramer, Stuart H. Starr and Larry K. Wentz eds., *Cyberpower and National Security*, Copublished by Washinton, DC: NDU Press and Dulles: Potomac Books, Inc., 2009, p. 254；另见：Jeffrey Carr, *Inside Cyber Warfare*, Sebastopol: O'Reilly Media, Inc., 2010, p. 40.

④ The White House, “International Strategy for Cyberspace: Prosperity, Security, and Openness in a Networked World,” https://obamawhitehouse.archives.gov/sites/default/files/rss_viewer/international_strategy_for_cyberspace.pdf.（上网时间：2015 年 6 月 10 日）

⑤ “Tallinn Manual Book Presentation,” CCDCOE March 5, 2013 http://www.ccdcoe.org/405.html.（上网时间：2013 年 3 月 5 日）

⑥ Center for Strategic and International Studies (CSIS), “Securing Cyberspace for the 44th Presidency: A Report of the CSIS Commission on Cybersecurity for the 44th Presidency,” Washington, DC, December 2008, p. 20. https://www.csis.org/analysis/securing – cyberspace – 44th – presidency.（上网时间：2008 年 12 月 8 日）

在的违反规范着进行绞杀，从而达到遏制、威慑的目的。在这个过程中，美国把自己的技术优势转化为规则优势，维护和巩固自身在网络空间的技术和规则优势。美国基于强大的信息网络综合实力，在网络空间国际机制的构建方面占得先机。

第四节　美国网络空间安全治理军民协同案例分析

一、国家网络安全综合计划中的军民协同

2008 年 1 月，小布什政府在经过长期论证之后，颁发了第 54 号国家安全总统令（NSPD－54）第 23 号国土安全总统令（HSPD－23），正式推出了“国家网络空间安全综合计划”。该计划属于高度机密，因其影响巨大而被称之为网络空间的“曼哈顿工程”，直到 2010 年奥巴马政府时期才对外公布非常简略的 12 项计划内容，几乎涉及联邦政府所有与网络空间安全相关的部门和私营企业，国土安全部、管理和预算办公室和国防部（以国家安全局为代表）等在计划的策划执行中扮演重要角色。[①]

由于该计划属于高度机密，因此其具体执行细节还处于保密状态，从公开可获取的材料看，该计划在管理上一再强调军民协同，在建设和使用上也强调共享共用，是典型的军民协同型项目，对联邦政府和私营企业都具有深远影响。公开文件显示，美国联邦政府部门需要与美国网络安全的所有主要参与者紧密合作，包括州和地方政府以及私营部门，以确保对未来的网络事件进行有组织和统一的响应，找到确保美国安全与繁荣的技术解决方案。该计划旨在全面解决美国面临的网络空间威胁，归纳起来大致可分为三类：一是防御，主要是对联邦网络空间信息系统

① Ned Einsig, “Cyber Security Of The United States And The Comprehensive National Cyber Security Initiative,” https：//www. ciocoverage. com/cyber－security－of－the－united－states－and－the－comprehensive－national－cyber－security－initiative/.（上网时间：2020 年 5 月 10 日）

进行整合，从而降低受攻击面。二是威慑，实施覆盖“全政府”的反情报和威慑计划，对全球供应链进行风险管控。三是基础，进一步筑牢网络空间基础，在研发、教育和未来技术开发等方面加强投入，确保美国网络空间的技术优势。①

例如，在应对威胁层面，强调情报信息的共享，要求国土安全部内的国家网络安全中心（NCSC）负责情报信息的协调和整合。通过部署“爱因斯坦计划”等来加强威胁入侵监测，通过对网络信息共享中心的信息整合来提高态势感知共享能力。目前部署的2013年投入使用的第三期增强版“爱因斯坦”系统（E3A），就利用互联网服务提供商（ISP）提供安全服务，不仅能够探测威胁，而且能够采取行动。美国大型互联网运营服务商AT&T，Verizon和CenturyLink等企业都部署了E3A系统。AT&T公司技术副总裁史密斯（Chris Smith）在部署E3A系统后说：“信息就是货币，就是权力和优势。政府的威胁信息加上商业威胁指征的结合，增强了联邦政府和企业应对网络空间威胁的能力。”② 此外，为了提升反情报能力，在国家安全局的主导下建设了“犹他州数据中心”（情报界国家网络空间安全计划综合数据中心），历时3年，耗资12亿美元，能够存储5000个服务器的数据（5ZB），同时还具备反情报应用能力。

而对于技术和基础设施建设，军民协同推进更为重要。国土安全部和国家安全局牵头的“网络和信息技术研究与开发（NITRD）计划”就动员了国土安全部、司法部、美国国家航空航天局和商务部在内的20多个政府机构参与。2008年根据“国家网络空间安全综合计划”第九项任务安排（采用超前技术），国土安全部和国家安全局举办了“全国网络飞跃年峰会”，来自政府、工业界和学术界的150多个研究项目的负责人参加会议，会上各项目负责人提出了加强硬件设计安全提升网络空间安

① Executive Office of President of the United States, “The Comprehensive National Cybersecurity Initiative,” https：//obamawhitehouse. archives. gov/issues/foreign - policy/cybersecurity/national - initiative.（上网时间：2018年12月5日）

② Ned Einsig, “Cyber Security Of The United States And The Comprehensive National Cyber Security Initiative,” https：//www. ciocoverage. com/cyber - security - of - the - united - states - and - the - comprehensive - national - cyber - security - initiative/.（上网时间：2018年12月5日）

全的思路。

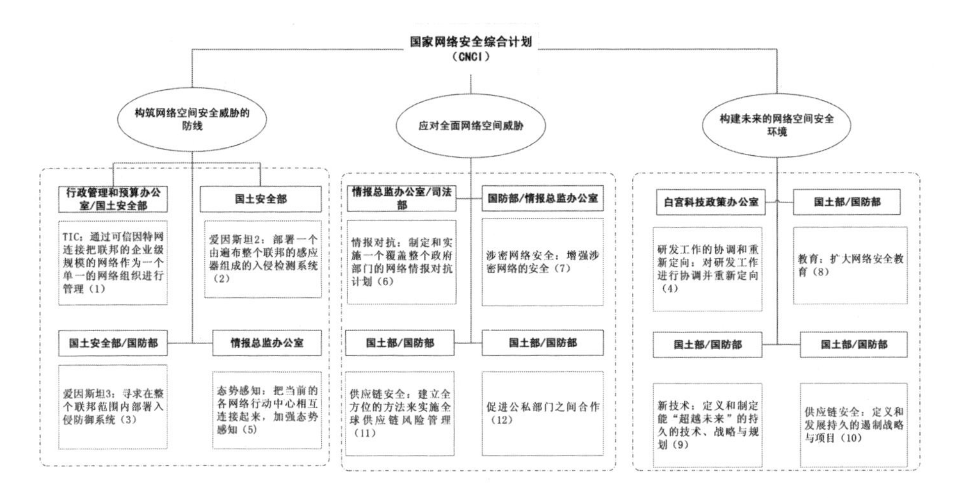

图 6—2 国家网络安全综合计划（CNCI）工作协调机制

二、实战演习对军民协同能力的考验

网络空间承载越来越多的国家利益，网络空间安全也日益成为突出问题，但目前国家间的网络空间战争还没有真实发生。为了检验美国网络空间的建设成果，提升应对网络空间安全威胁的能力，美国联邦政府的军民主管机构近年来密集组织网络空间安全演习，比较典型的包括“网络风暴”“网络盾牌”“网络夺旗”和“网络卫士”等，以及在北约框架下组织的“锁盾”跨国演习。通过这些演习，美国提升了网络空间安全的攻防能力，加强了军民主体之间协同配合默契。

（一）“网络风暴”演习

2006 年，美国国土安全部启动了“网络风暴”（Cyber Storm）演习，对公共和私营部门之间协同应对网络空间威胁进行实战演练，每两年举办一次。最近一次是 2018 年举行的第六次“网络风暴”演习，由国土安全部新成立的部门网络安全和基础设施安全局、国家网络安全与通信集成中心具体承办，主题为“测试国家应对网络事件的能力”，主要目的是检验相关政策和规程在应对关键基础设施受到攻击后应急处置的效用。[①] 演习参与者包括政府、私营部门和国际合作伙伴 1000 多名成员，2018 年的演习重点是关键的制造业和运输业，对“国家网络事件响应计划”（National Cyber Incident Response Plan）进行检验。经过为期三天的分布式演习，参与者均意识到了信息共享的重要性，国土安全部国家网络安全和通信集成中心的地位凸显。演习检验了美国“国家网络事件响应计划”的实践效果，评估了当前美国军民各个部门信息共享的状态及效果、各个部门的职责和能力，特别是对军民信息共享机制的流程、框架和组织架构进行了演练。

（二）“网络旗帜”演习

“网络旗帜”演习（Cyber Flag）是美国网络司令部举办的年度实战演习，主要参加者除了美国的网络战部队以外，还包括联邦政府其他部门以及号称“五眼联盟”的美国盟友。该演习开始于 2011 年，到 2019 年已经连续举办 9 次。在 2019 年，来自国防部、其他联邦机构以及合作伙伴的 650 名网络空间安全专业人员参加了演习。演习专注于军民等“伙伴关系”，对“持久参与”作战理念进行检验。所谓“持久参与”，是美国网络司令部升格之后提出一种作战思路，强调网络战具有与传统作战不同的特点，即网络战“平战结合”特点明显，大部分作战都发生在武装冲突的“阈值以下”，因此改变了“组织方式、训练方式和部队使用方式”。[②]

“伙伴关系”是“持久参与”作战理念的一个重要原则。所谓伙伴关系是指包括机构间、州和地方政府与私营部门之间的国内伙伴关系以

---

① Jeanette Manfra, “Cyber Storm VI: Testing the Nation’s Ability to Respond to a Cyber Incident,” https://www.dhs.gov/blog/2018/04/13/cyber-storm-vi-testing-nation-s-ability-respond-cyber-incident.（上网时间：2018 年 4 月 13 日）

② Mark Pomerleau, “Cyber Command tested ‘persistent engagement’ in June exercise,” https://www.fifthdomain.com/dod/cybercom/2019/07/16/cyber-command-tested-persistent-engagement-in-june-exercise/.（上网时间：2019 年 7 月 16 日）

及国际伙伴关系。“我们的盟友和合作伙伴是美国的关键战略战斗优势。当我们参战时，我们会得到其他国家的一整套支持，能力和承诺。这使我们与众不同，尤其是与目前的一些主要对手相比时。”① 在这一理念的指引下，演习自从2018年开始改变了一直以来关注基于IP的网络（主要指互联网），而是将“操作技术网络，或工业控制体系（ICS）/监控和数据采集（SCADA）网络”也列入了安全防卫对象。海岸警卫队网络司令部演习和训练主任约翰·莫格（John Mauger）说：“我们的部队不仅知道如何在常规的IT网络、信息技术网络或商业网络上实施网络作战，而且还要能够在作战网络中进行作战。”② 为此，网络司令部与国家实验室紧密合作，开发了强大的虚拟ICS/SCADA模型，并着重于团队在这些网络上寻找对手活动的能力。

三、应对“新冠病毒”疫情中网络空间安全治理的军民协同实践

2019年底暴发的COVID－19新冠肺炎疫情，对美国网络空间安全也提出了新的考验，为应对病毒传播而采取的停工、隔离等措施使网络空间安全问题更为凸显。美国国防部、国土安全部等相关部门也开展了有针对性的工作。美国国防部除了积极参与医院建设、医疗救助等外，也提出加强网络空间安全工作，确保军事网络具有足够的网络安全能力，包括保护支持病毒响应工作的基本通信体系和数据网络的能力。③ 国土安全部网络安全和基础设施安全局（CISA）作为民事网络空间安全的责任单位，也在积极改善美国的网络和基础设施安全，与机构间和行业协

---

① C. Todd lopez, “Cyber Flag Exercise Focuses on Partnerships,” https：//www. defense. gov/Explore/News/Article/Article/1896846/cyber – flag – exercise – focuses – on – partnerships/. （上网时间：2019年7月5日）

② Mark Pomerleau, “Cyber Command tested ‘persistent engagement’ in June exercise,” https：//www. fifthdomain. com/dod/cybercom/2019/07/16/cyber – command – tested – persistent – engagement – in – june – exercise/. （上网时间：2019年7月16日）

③ Dan Gouré：Cybersecurity Is an Important Part of the Military’s Response to COVID – 19. https：//www. realcleardefense. com/articles/2020/04/25/cybersecurity_is_an_important_part_of_the_militarys_response_to_covid – 19_115227. html. （上网时间：2020年4月25日）

调，并与关键基础设施合作伙伴合作，为可能破坏关键基础设施做准备，制定了《新型冠状病毒（COVID－19）的风险管理》指南性文件，为高层领导提供了一种工具，可帮助他们仔细思考可能因新冠病毒传播而引起的物理、供应链和网络安全问题。

四、美国“电子复兴计划”的军民协同特点

美国“电子复兴计划”是在特朗普上台以后、国际格局发生深刻变革的背景下实施的网信体系核心基础能力推进计划，旨在通过基础能力的体系性变革，适应微纳系统发展趋势，持续提升美国国防与商业领域微电子技术相对领先地位，对我国形成代差优势。该计划战略意义重大、影响深远，军民融合特征明显。产学研一体化局部态势突出。“电子复兴计划”在军民一体化落实的过程中，充分体现了军事和国家安全战略需求的牵引作用，将军事应用和商业化发展实现有机结合，通过市场化力量充分调动了广泛的社会创新资源，从而有效推动了该计划的军民一体化发展。

“电子复兴计划”注重技术的军民两用性。积极布局微纳系统技术，谋划面向今后20年甚至更长时期“后摩尔时代”的网络信息系统核心关键技术前沿发展和系统发展。项目设计之初就注重将国防部、商业界的潜在应用方向和研究机构紧密联系在一起，并延续了美国高级研究计划局投资高风险、高回报创新项目的一贯传统，集中资源解决网络信息领域的技术难题，面向未来发展新一代网络信息技术，如软件定义硬件、开源硬件、标准裸芯片（CHIPLET）、超越冯诺·依曼拓扑的电路原型等。“电子复兴计划”一个明显的特征是，在设计之初就考虑了未来军民两用的问题，一方面要满足军事应用，保持网络空间军事上的引领优势，开发更具竞争力的高性能复杂芯片；另一方面注重商业应用，这些技术一旦商业化就能够创造巨大的商业价值。2018年和2019年已经召开的两次峰会透露的信息显示，“电子复兴计划”目标是在2025—2030年初步形成能力。

这种军民融合的发展思路，一直是美国高科技发展的主导思想。“电子复兴计划”注重军民主体间协作。利用市场化手段来激励参与者主动投入创新是美国国防高级研究计划局的一贯做法。在“电子复兴计划”的实施过程中，美国高级研究计划局也希望能够激励那些不具备大型芯片制造商资源的小型公司进行同步创新，最大限度地发挥市场杠杆作用，引入更多创新力量。如为了最大限度地鼓励中小企业创新主体参与，“电子复兴计划”中的“国防应用”项目甚至要求实施“合格申请人”审查，对联邦资助的研发中心（FFRDC）和其他政府支持的机构实施“直接竞争限制”。在目前已经公开的六大研究项目实施研究团队中，除参与电子设备智能设计（IDEA）的诺斯罗普·格鲁曼公司属于传统军工企业以外，40 多家执行方都属于高等院校、研究机构和电子科技企业，而不是专业的军工企业或国防部内部研究机构。

第七章／美国网络空间安全治理军民协同走向

当论及网络空间安全，人们首先专注于技术的不断发展和变化，因为网络空间对技术的依赖性是显而易见的，“网络一切、时空压缩、虚实结合、协作共享”成为当前和未来一段时间社会的主要特征。一方面符合“梅特卡夫定律”，网络空间创造的价值影响越来越大；另一方面符合“摩尔定律”，构成网络空间的技术器件不断微型化。网络空间技术与整个社会运行机体的深度融合，对社会治理又造成了全方位深层次的影响。因此，美国联邦政府一方面不断为技术创新创造环境，推动量子计算、人工智能等新技术不断融入网络空间；另一方面，美国在网络空间安全治理方面，也在努力打破网络空间军民协同的各种障碍，从网络空间安全理念、治理架构方面进行改革。尤其是近年来美国“全政府”治理理念的推行，网络空间安全治理的军民协同成效显著，甚至在某种程度上影响了其他国家和世界的网络空间基本发展态势。

第一节　美国网络空间安全治理军民协同的走向

特朗普政府声称其国家安全战略是“有原则的现实主义”[①]，正视全球竞争的现实，坚决推进美国价值观，维护美国国家利益，意图以“美国优先”重构现行的国际贸易体系和安全架构。在网络空间安全治理方

---

① The White House, “A New National Security Strategy for a New Era,” https://www.whitehouse.gov/articles/new－nationalsecurity－strategy－new－era/.（上网时间：2019 年 4 月 15 日）

面，特别是特朗普坚持推行“全政府”安全策略，大力倡导军民协同，通过协调国防部与其他政府部门、私营企业合作，打造“全政府”、甚至“全国家”（whole of nation）的网络空间安全战略[①]，不断增强自身实力，以实力谋求国际话语权。

一、强化通过军民协同实现网络威慑能力

从2005—2015年，美国联邦政府机构遭遇的网络安全事件激增了1300%。[②] 面对如此严峻的网络安全形势，美国联邦政府多年以来提出的“网络威慑”从理念进入到现实实施阶段。“威慑”属于冷战期间美苏依靠核武器形成对对方威胁遏制的一种战略。通过一方强大的战略优势使对方不敢贸然行动，否则将付出巨大的代价。威慑有两条核心原则：第一，拒止。要让攻击者相信，他们不可能成功，即便侥幸成功，将付出无法承受的代价。第二，惩罚。攻击者一旦发动攻击，将遭到无法承受的反击带来的损伤。增强网络威慑能力有三种途径：第一，确保自身安全，主要是构建强大的网络空间基础设施。第二，采取积极防御措施，通过军民协同等各种方式，提高网络空间防御能力。第三，建立国际规范。通过规范来约束各类行为者的行为，从而达到降低威胁的目的。

美国自从2003年《国家安全网络空间战略》和2006年《国家网络空间军事战略》发布以来，威慑就一直是美国网络战略的组成部分。减少威胁、增强对攻击的抵御能力以及阻止恶意行为是2003年战略和《国家网络安全威胁与漏洞减少计划》的优先事项。但奥巴马政府执政初期网络威慑反击手段更注重实用法律手段和国际规范，并通过增加网络防御和抵御能力来提高相对成本，将任何给定的网络攻击作为通过拒绝威

---

① Cyberspace Solarium Commission report, https://www.solarium.gov/report.（上网时间：2020年4月22日）

② Dorothy Denning, “Cybersecurity's Next Phase: Cyber Deterrence,” https://www.scientificamerican.com/article/cybersecuritys-next-phase-cyber-deterrence/.（上网时间：2016年12月3日）

慑的形式来增加相对成本。[①] 而特朗普政府在《2018 年国家网络战略》中将网络威慑置于美国总体威慑战略的背景下，从而使网络空间威慑成为国家威慑战略的重要组成部分。

二、强化军民资源整合形成综合网络实力

美国大部分网络空间基础设施都掌握在私营企业手中，大部分网络空间安全产业和核心技术也来自私营企业。因此，军民协同一直是美国网络空间安全战略的重要理念。奥巴马政府时期就强调："联邦政府如果孤立地工作，将无法成功保护网络空间。公共和私营部门的利益与确保企业和政府所依赖的安全，可靠基础架构的共同责任交织在一起。只有通过这样的伙伴关系，美国才能增强网络安全并从数字革命中获得全部利益。"这种伙伴关系除了联邦政府部门之间的合作，还包括政府与私营企业之间的合作。

美国的网络空间安全整个治理体系分为军和民两个相对独立的子系统，实际上这两个子系统存在于联邦政府层面，而在产业技术层面是一种"军民一体化"。在产业中军民一体化属于企业管理范畴，而在治理层面，需要军和民的国家治理主体层面的沟通、协调与合作。这也是本书的研究重点。美国 2018 年 9 月 20 日公布的《国家网络战略》强调了美国政府将通过"全政府"策略，提出以实力求和平，反复强调了这种合作伙伴关系的重要意义。除了由美国国防部和美国情报共同体（IC）系统运行的联邦部门和机构网络之外，该战略还将继续加强美国国土安全部在确保联邦部门和机构网络安全方面的作用。对于美国国家网络空间安全而言，"加强联邦承包商网络安全"和"改善联邦供应链风险管理"都是非常重要的方面。美国 2018 年《国防部网络空间安全战略》也强调，美国的网络空间安全依赖全社会的参与，国防部需要与私营部

---

① Rosemary Tropeano, "Deterrence in Cyber, Cyber in Deterrence," https://thestrategybridge.org/the-bridge/2019/5/27/deterrence-in-cyber-cyber-in-deterrence.（上网时间：2019 年 5 月 27 日）

门建立可靠的伙伴关系、增强信息共享、充分利用商业技术来强化网络空间安全。“我们与国防工业基础实体合作的重点是保护敏感的国防部信息，这些信息的丢失（无论是单独的还是合作的丢失）可能会损害联合部队的军事优势。为此，联邦政府相关机构应该与国防工业基础合作伙伴建立合作关系：制定和执行网络安全、弹性和报告标准；并准备在受到请求和授权时在事前、事中、事后提供直接帮助，包括在非国防部网络上。”①

三、强化国际规则来实现网络的军民主导

规则主导是美国实现网络空间安全国际霸权的重要途径。互联网是美国人发明的，根服务器也大多控制在美国人手中，美国也具备强大的网络空间军事作战能力、军民资源动员能力和最为根本的技术优势，未来也不会放弃这种既有优势，寻求在网络空间的规则主导能力。目前，关于网络空间国际治理分歧大致可以从北约“网络合作防御卓越中心”组织编撰的《塔林手册》和中国、俄罗斯等签署的《信息安全国际行为准则》中体现出来。② 相对于奥巴马政府对国际网络空间的态势的塑造，特朗普政府全国家战略都体现出“美国中心”的倾向，2018 年的《美国国家网络战略》对于国际方面提出的原则是“推进美国影响力”，显然国际治理并不是特朗普政府的战略重点。但千万注意，美国这样做绝不会是战略收缩，而是体现出特朗普政府的现实主义做派，一切为了美国、为了美国的一切。特朗普政府在处理涉及本国自身国家安全和经济繁荣的网络空间国际事务和对外政策时，更加关注的是从美国的利益出发来处理双边关系中的网络议题，甚至以国内法为依据实施长臂管辖。长此

① Norma M. Krayem, Mary Beth Bosco, “United States: White House’s New National Cyber Strategy: Dramatic Changes For Government Contractors,” https://www.mondaq.com/unitedstates/government-contracts-procurement-ppp/741176/white-house39s-new-national-cyber-strategy-dramatic-changes-for-government-contractors.（上网时间：2018 年 10 月 1 日）

② 龙坤、朱启超：《网络空间国际规则制定——共识与分歧》，《国际展望》，2019 年第 11 期，第 39-58、161-162 页。

以往，国际网络空间将在越来越多议题上出现矛盾和冲突，甚至可能会破坏网络空间的战略稳定。

第二节　美国网络空间安全治理军民协同面临的挑战

美国不仅是网络空间的创建者，同时也是网络空间安全治理的先行实践者。随着网络空间变得日益复杂，进一步提升网络空间安全治理水平也成为美国联邦政府的重要议题。2019 年 9 月 5 日，美国国家安全委员会责成总统国家基础设施咨询委员会（NIAC），对美国联邦政府的组织架构以及联邦政府与私营部门之间的合作进行审查。经过 3 个月的深入研究，2019 年 12 月 12 日，美国总统国家基础设施咨询委员会向特朗普提交了研究报告，认为“国家层面的组织能力不足导致美国无法抵抗对手对美国网络空间的攻击”。因此提出了加强情报共享、增设联邦网络空间安全委员会等建议。[①] 从而进一步落实“全政府”策略，提升军民协同能力。

一、国家战略军民协同部署与实践之间存在脱节

美国是市场经济较为充分的国家，联邦政府一般采取激励机制和市场机制来进行资源整合，从而调动私营部门参与国家网络空间安全的行动。但是，美国政府依然保留了部分强制手段，以及通过非常复杂的金融关系来保持对各大军工企业的适度控制，从而在极端情况下调动军民各方面资源来保护关键的国家基础设施和系统，以确保国家安全。尽管美国在军民资源整合方面有很多成功经验和做法，但美国总统国家咨询

---

① NIAC,“Transforming the U. S. Cyber Threat Partnership Final Report,” https：//www. cisa. gov/sites/default/files/publications/NIAC – Transforming – US – Cyber – Threat – PartnershipReport – FINAL – 508. pdf.（上网时间：2019 年 12 月 12 日）

委员会向特朗普提交的报告认为：美国在网络空间安全治理方面需要提出更为系统性的解决方案。[①]

根据美国政府问责局2018年的报告显示，尽管近年来大部分国家安全战略都提出网络空间安全的部门间合作建议，但是在战略与实践之间出现了严重的脱节，大多数战略文件都缺少对国土安全部、国防部，以及管理和预算办公室具体角色和职责的规定，因此在协调方面依然存在困难，一些职责重叠问题依然存在。例如，美国国防部和国土安全部对《联邦网络空间安全人才评估法案（2015）》的执行力度不够，军民网络空间人才技能、人员招募和基础教育等领域都存在不足，因此美国开发了专门培养网络空间人才的"国家网络空间人才教育框架"（NICE），希望利用这种标准化体系来提升网络空间安全人才培养水平。[②] 另外，机制调整在美国网络空间安全战略实施中依然是一个亟待解决的问题，美国联邦政府还需要以更为明确、更具协调性的手段来落实国家安全战略。

二、网络空间安全情报军民共享机制存在漏洞

尽管情报共享以及协调政府和私营部门在网络安全方面的努力可能产生重大影响，但仍存在法律、务实、文化和竞争方面的障碍，无法有效开展合作。这些障碍意味着许多企业可能倾向于在解决其网络安全挑战方面避免广泛合作。而且，尽管威胁无处不在，但许多企业仅在处于危机模式并响应网络安全事件后才考虑与政府合作，而不是持续主动地进行。在公共和私人行为者之间进行有效合作以应对普遍的网络威胁的主要障碍包括：（1）有关信任和事件响应控制的问题；（2）有关披露和

---

① NIAC, "Transforming the U. S. Cyber Threat Partnership Final Report," https://www.cisa.gov/sites/default/files/publications/NIAC-Transforming-US-Cyber-Threat-PartnershipReport-FINAL-508.pdf.（上网时间：2019年12月12日）

② GAO, "Urgent Actions Are Needed to Address Cybersecurity Challenges Facing the Nation," https://www.gao.gov/assets/700/694355.pdf.（上网时间：2018年9月16日）

披露义务的问题；（3）不断变化的责任和监管格局；（4）跨境网络犯罪调查面临的挑战；（5）跨境数据传输限制，阻碍了企业对网络威胁和事件做出灵活反应的能力。

三、网络空间安全威胁扩散增加了受攻击面

随着新技术的变化，美国的网络技术基础设施将容易受到攻击。如在物联网的推动下将会新增数十亿个新的端点，这将使整个网络空间的安全态势变得更加糟糕。尽管美国联邦政府通过军民协同努力构建一体化的防御能力，但美国政府这种努力无法根除网络空间固有的安全隐患，一方面只要网络空间技术的基本设计理念不发生变化，网络空间自身的安全就是一个事实存在的问题；另一方面，网络空间中存在着巨大的政治、经济利益，"不安全"恰恰是某些利益集团的利益所在，"机构不了解并且没有资源来对抗当前的威胁环境"。[①] 换言之，国家网络安全实践无法跟上迅速发展的网络威胁的步伐，这意味着联邦信息安全风险不断上升。

美国国防情报局局长罗伯特·阿什利将军认为："物联网会给与其连接的所有事物造成一定程度的漏洞。"[②] 网络战本身呈现明显的军民一体化性质，整个网络空间安全呈现进攻与防御能力的混合、军事冲突与民用目标受到攻击的混合。一些简单的网络进攻会在攻击军事目标时可能会同时造成民用目标的连带损伤，甚至有时是攻击者有意而为。在美国无人侦察机被击落后，美国网络司令部袭击伊朗的指挥和控制结构两周后，伊朗领导的黑客组织对美国数百万个未安装补丁的民用 Microsoft

---

① Douglas Bonderud, "US Government Agencies Struggle to Address Cybersecurity Workforce Challenges," https://securityintelligence.com/news/us-government-agencies-struggle-to-address-cybersecurity-workforce-challenges/.（上网时间：2018 年 6 月 5 日）

② Zak Doffman, "Cyber Warfare: U.S. Military Admits Immediate Danger Is 'Keeping Us Up At Night'," https://www.forbes.com/sites/zakdoffman/2019/07/21/cyber-warfare-u-s-military-admits-immediate-danger-is-keeping-us-up-at-night/#7c520c910613.（上网时间：2019 年 7 月 21 日）

Outlook 系统发动了报复行为。2019 年暴发的新冠病毒（COVID - 19）大流行成为全球网络空间安全的试金石，由于人们需要更多时间在家工作和学习，增加了对互联网的使用和依赖，由此带来全球范围内的网络攻击的增加。在危机期间，网络攻击在全球范围内有所增加，其中包括对关键医疗机构的攻击，而且已成为“勒索”病毒软件攻击的目标。私营部门的数据显示，自新冠肺炎疫情暴发以来，网络钓鱼网站激增了 350%。[①] 总之，网络入侵或攻击行为体的趋利性、网络新产品的安全漏洞及网络病毒的不断涌现与不羁蔓延，决定了美国网络空间安全隐患无法根除，这种安全隐患将伴随信息网络的发展而存续，最终将随着网络信息体系的消亡而走向终结。因此，在网络空间安全的语境下，美国网络空间安全战略体系中提出的“安全”也只能是“相对安全”，而“绝对安全”不过是一种带有浓烈“理想主义”色彩的美好愿望。

第三节　“网络空间日光浴委员会”综合报告体现了军民协同理念

2020 年 3 月 11 日，美国总统特设机构“网络空间日光浴委员会”（CSC）发布《网络空间日光浴委员会综合报告》，对美国多年以来形成的网络空间安全能力进行总体回顾，提出以“全国家”（whole of nation）策略应对网络空间安全、应对未来发展的具体战略建议，特别是提出了网络分层威慑的战略理念，整个报告共分 6 项政策支柱以及超过 75 条政策建议。通过这份报告可以发现，美国对网络空间安全治理的军民协同是深入骨髓的。

“网络空间日光浴室委员会”开发了一种确保美国在网络空间中利

---

① Belisario Contreras, “3 ways governments can address cybersecurity in the post - pandemic world,” https://www.weforum.org/agenda/2020/06/3 - ways - governments - can - address - cyber - threats - cyberattacks - cybersecurity - crime - post - pandemic - covid - 19 - world/.（上网时间：2020 年 6 月 29 日）

益的新方法："分层网络威慑"策略。[①] 这一策略成分考虑了网络空间安全的特点，强调了军民协同维护网络空间安全的举措，提出了三个层次演进的威慑策略（参见图7—1），代表了美国未来网络空间的基本走向：在第一层中，该策略概述了通过利用美国的竞争优势（其持久的盟友和合作伙伴网络）来塑造对手行为的政策。美国将与这些伙伴合作，促进网络空间中的负责任行为，并使用非军事手段隔离恶性行为者。在第二层中，该战略通过重塑网络生态系统使通过网络空间攻击美国利益变得更加困难，从而剥夺了国家和非国家行为者的利益。支持这种威慑态势的政策需要采用"全国家"的方法，以激励公共部门和私营部门之间的

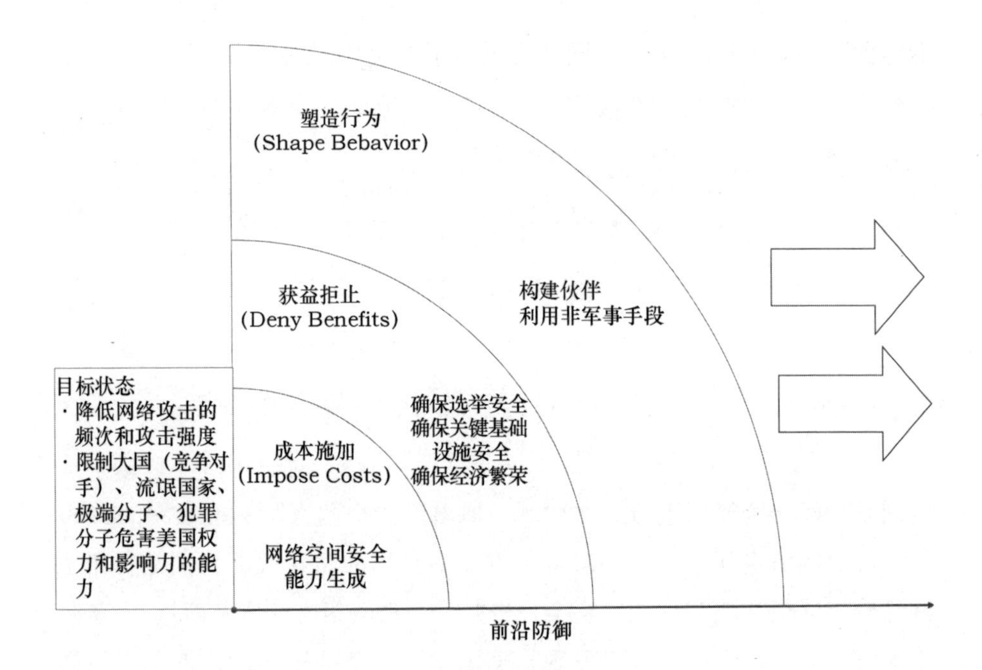

图7—1　分层网络威慑模型[②]

① Cyberspace Solarium Commission, Cyberspace Solarium Commission report 2019, https://www.solarium.gov/report.（上网时间：2020年4月22日）

② 同上。

合作来保护网络空间。在第三层中美国保留了确保其有前沿防御的能力，向网络空间的对手施加成本。三个层次是一种逐步加码的递进关系，这是一种多种权力手段综合运用的整体战略，符合军民协同的逻辑，进攻取向明显。

该报告充分借鉴了美国在物理空间的作战概念，提出的塑造行为（Shape behavior）、获益拒止（Deny benefits）、成本施加（Impose costs）的分层威慑战略路径，实际上包含了两个理念：第一个理念是实施“拒止威慑”（Deterrence by Denial），特别强调联邦政府各个部门要加强与私营部门之间的合作，这也是一种军民协同方式，从而提高网络空间的防御能力，减少对手利用漏洞危害美国网络空间利益。第二个理念是“前沿防御”（defend forward），同样也突出了军民协同的观点，提出要集中所有的力量来保护美国网络空间，主动发现威胁，争取“不战而屈人之兵”。在这些建议中，军民协同成为贯穿始终的主线，强烈要求联邦政府军政部门要“与私营部门开展网络安全协作的运营”，这是因为私营部门无论是技术还是规模上，在美国网络空间安全领域都具有当之无愧的话语权，甚至“技术变革已经超过了美国政府的适应能力”。正如网络安全公司迈克菲（McAfee）首席公共政策官汤姆·甘恩（Tom Gann）所说：“网络安全是每个人的责任。任何行业、部门、政府或个人都无法充分应对民族国家参与者和其他对手面临的网络挑战。网络空间日光浴委员会正确地指出：扭转网络威胁的潮流必须涉及联邦、州、地方和部落政府以及行业、学术界和个人。”数字商业咨询公司 Nerdery 的安全架构师斯科特（Scott Russ）评论说：“该报告的详细网络战略旨在改革政府目前组织起来以管理安全威胁的方式。”新思科技（Synopsys）网络安全研究中心的首席安全策略师蒂姆（Tim Mackey）也认为：“解决信息流问题需要政府和私营部门的网络安全合作，其目标是共同限制任何攻击所造成的损害范围。”①

---

① Kevin Townsend, Analyzing Cyberspace Solarium Commission's Blueprint for a Cybersecure Nation, https://www.securityweek.com/analyzing-cyberspace-solarium-commissions-blueprint-cybersecure-nation.（上网时间：2020年3月18日）

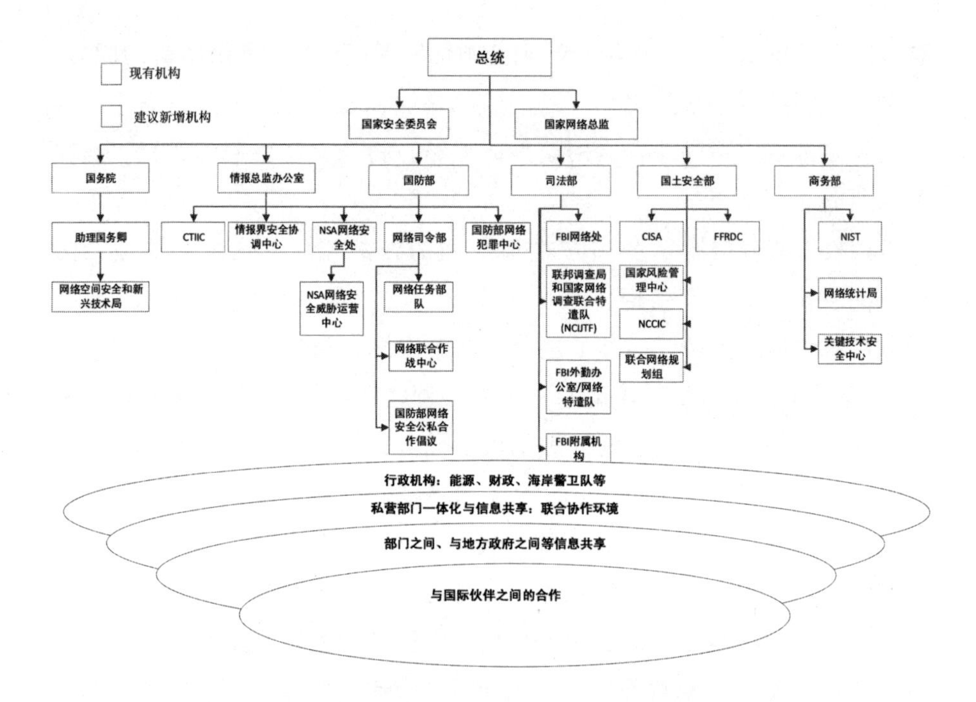

图 7—2　关于网络空间组织架构变革的建议①

① Cyberspace Solarium Commission, Cyberspace Solarium Commission report 2019, https://www.solarium.gov/report.（上网时间：2020 年 4 月 22 日）

第八章/结束语

2019—2020 年暴发的新型冠状病毒再次凸显，科技对国家安全具有举足轻重的作用。网络空间技术作为 20 世纪最伟大的科技创新，与当代社会运行机体的深度融合，对国家治理、国家安全运行决策都构成了全方位、深层次的影响。与陆、海、空、天等传统空间领域相比，网络空间有两个特性：首先是演进性。量子计算、人工智能等新技术不断融入网络空间，丰富了网络空间安全运行环境，促进了网络空间的演进。其次是军民融合特性。网络空间军民一体、深度融合的技术产业特性，造成在安全领域的军民界限模糊，要求网络空间安全运行主体之间必须要实现有效协同。基于此，本书整体逻辑上采用“体系—过程”理论，在具体问题分析中采用了协同理论，对美国联邦政府内部网络空间安全治理中的军民协同关系、运行机理和深层逻辑深入研究，希望更深一步理解美国国家网络空间安全战略优势的形成机理，更深入理解美国国家安全体系的运行方式，为未来大国竞争博弈的战略准备提供参考。

一、研究的基本结论

（一）网络空间安全治理的体系化运行增强了国家安全优势

尽管网络空间安全对技术具有极强的依赖性，形成了国家安全独立的空间领域。但除科技创新因素以外，有效治理方式和组织形式可以形成国家安全优势的增量。在传统安全领域，军事实力一直是安全实力显性特征，但形成并支持强大军事实力的基础却是一国经济、科技、地理环境和自然资源禀赋等。对这些要素进行优化配置，不仅可以发挥国家某一领域的竞争实力，而且可以形成国家综合安全优势。因此，本书采用了“体系—过程”理论和协同理论的内核，来研究美国国家网络空间安全治理问题，不仅具有可行性，而且也有利于对美国国家安全优势形成全面的认知。长期以来，美国利用得天独厚的物质资源、丰富的科技人才和知识储备，进行有效组织和动员，形成了治理能力，进而促进了美国经济繁荣、提升了国家安全战略体系和能力。本书回顾20世纪90年代以来美国网络空间安全治理体系演进发现，美国网络空间安全在技术和制度两种力量驱动下，从战略层面对网络空间进行体系化设计和规划，加强部门间合作，促进军民协同发展，强调通过政府资源调配的权力，将联邦政府中军民两类机构，与私营部门、智库力量，以及普通民众等进行充分整合，在国家安全的名义下实现资源重组、能力集成，从而形成了国家安全能力的优势。

（二）网络空间安全技术与政策体制双重驱动治理范式变革

网络空间不仅成为国家安全的重要组成部分，更为重要的是对国家安全形态和治理范式构成了深层次影响，成为军民协同治理的基本前提。网络空间安全治理能够实现有效的军民协同：一是技术因素；二是体制因素。本书通过对美国网络空间安全的形成过程、运行体系、成效和未来走向进行了体系性分析后发现，网络空间最初的发展受技术驱动的特点较为明显。但随着市场化因素发挥主导作用，网络空间的发展和安全治理受体制因素的影响特点更为明显。因此，本书认为，美国网络空间安全治理受技术与政策双源驱动，技术是基础，政策是保障，治理范式的变革是结果。在此过程中，军民协同成为这种变革的最核心变量。

随着这种新兴技术进步，网络空间的内涵和外延都发生了改变，对国家安全治理中权力关系进行了颠覆性变革。在网络信息时代，对知识的依赖达到了前所未有的高度，知识和信息构成了综合实力（权力）的最重要来源，“信息即知识、知识即权力”成为国家权力结构中的重要特点。基于技术的变革带来了权力杠杆的历史性转移，网络空间成为产生知识、使用知识的重要场所，自然也成为制造财富、创造权力的重要领域。正是由于权力关系发生了这样的转变，在国家安全治理的体系架构中原本是平行的军民两个主体，在维护国家安全的共同目标指引下，有了沟通交流的动力，政治的存在方式和运行方式也发生了变化，“政治被根本地形塑，在其内涵、组织过程与领导权上，都发生了根本性变革”，权力结构由控制型向分权型、扁平化发展，权力决策结构由垂直式向交互式发展①，军民主体关系进一步平等，相互之间沟通协作成为维护国家安全的必然选择。正是因为网络信息技术对国家安全的影响与冲击，传统国家安全观的内涵和外延都发生了变革，安全治理也需要做出相应的调整。例如，美国近年来提出的“全政府”治理理念，并在实践中进行落实，从顶层设计、机构设置、资源配置、行为主体关系协调、关键技术突破等方面，形成了一个完整、动态的网络空间安全体系。

（三）美国军民协同举国之力维护网络空间安全动向明显

近年来，美国反复在安全治理中强调“全政府”理念，甚至提出“全国家”理念，这种理念的提出在某种程度上是对网络信息技术、网络空间发展做出的回应。“全政府”类似我国的新型举国体制，但是在联邦政府体制的语境下，有特别内涵和意义。美国的三权分立的政治运行体制比较复杂，本文仅选择对其联邦政府行政部门在网络空间安全治理层面的关系进行研究，而无意解决整个国家网络空间安全治理体系，因此在研究上还存在很大空间。但通过对美国联邦政府网络空间安全治理局部的认知已经发现，尽管美国大力推进体系化设计，甚至提出“全政府”“全国家”的治理理念，但真正实现一体化的战略体系和能力，也并非易事。主要是因为网络空间基于信息技术，这种技术本身具有动态演进的特征；其次网络空间与陆、海、空和天传统物理空间深度融合但又自成体系，这不仅给安全治理带来极大挑战，而就本书研究而言也

---

① 刘文富：《国外学者对网络政治的研究》，《政治学研究》，2001 年第 2 期，第 68—76 页。

存在极大难度。因此，本书提出的网络空间安全治理军民协同研究，对于认知美国在网络信息时代的国家安全运行和决策体系具有极强的现实意义，同时也对深入研究新时期美国国家安全体系具有学术价值。

二、研究的主要启示

20 世纪 90 年代以来，美国政府网络安全治理体系与技术保持同步发展，战略体系架构已经基本成型，在战略布局、机构设置、安全保障等方面形成一种军民协同、组织有序、体系化的组织领导体系。这种体系的基础是科技创新，关键是战略需求牵引和政策法律保障，从而满足了网络空间安全从技术层面升级为国家安全层面的现实需求。本书通过美国网络空间安全治理体系的梳理再次印证，在网络信息时代，完备的国家安全生态体系包括战略、治理（政策和法律）和技术三个方面，对这三者有效整合和高效利用是我国网络强国战略实施的关键。

（一）科技创新是基础

美国网络空间安全优势主要在于军民一体化的网络空间工业和技术基础。网络信息技术不仅发端于美国，而且成长于美国。美国在网络空间核心关键技术和产品方面占尽优势。美国掌握了网络信息领域几乎所有的核心关键技术和技术标准制定权，网络安全技术产品在全球占领绝大部分市场。[①] 这种强大的科技创新能力是美国国家安全“权力”优势的基础。网络空间是未来国际竞争的主战场，科技创新是这一新型战场博弈的根基。因此，对于我国网络空间安全体系的构建而言，关键也是要做好建设网络空间和维护网络空间安全两个方面的工作，但首先是在网络信息技术体系核心关键领域和创新生态体系方面取得突破。

---

① Kris E. Barcomb, “From Sea Power to Cyber Power, Learning from the Past to Craft a Strategy for the Future,” *Joint Force Quarterly*, Iss 69, 2013, pp. 78 – 83.

（二）战略驱动是关键

科技创新可以划分为渐进式创新和颠覆式创新等，纵观世界科技历史和二战以来国际安全局势变革，国家战略需求是科技突破的关键要素。美国网络空间的发展历程从某种程度上正是国家安全战略中心不断调整形成的结果。美国网络信息技术发展从军转民、民参军和军民协同发展的历程，在很大程度上是国家战略驱动的原因。这一点不仅对于网络空间技术，对于其他几项影响国家安全甚至国际局势变化的技术均是如此。网络空间从技术安全到国家安全，网络空间安全治理的军民协同作为一个议题提出也是因为国家安全战略的需要。当前中美在网络空间竞争的"白热化"，在某种程度上对我国国家科技创新提出了战略性要求。

（三）政策法律是保障

美国还通过发布国家战略、总统行政命令和安全指令、行政部门和国防部发布的政策性文件等同样具有法律效力，构成了完备的网络空间法制保障体系，确保了美国网络空间的军民协同的法制能够做到随着技术发展不断调整、组织架构相对完善、整体呈现体系化发展的态势，为美国网络空间军民基础设施共建、网络空间能力共享、网络空间安全攻防体系提供了坚实保障。政策和法律保障对于搭建军民之间国家安全治理的桥梁具有非同一般的意义，有效的政策与法律对体系建设具有事半功倍的效果。

（四）机制化确保落实

美国网络空间安全治理体系的基本架构是依托国家安全决策与运行体系，由总统领导的网络空间安全特设机构进行顶层协调，国土安全部对内、国防部对外、情报资源部门间共享的军民协同管理架构，通过国家体系工程计划来统筹协调资源提升技术和实战能力，形成国家网络空间安全体系。在具体的行政管理组织架构方面，按照法律要求，美国联邦政府部门都需要对自己部门的网络空间安全负责，但是有些部门担负跨部门的职能，如国防部、国土安全部、公共管理和预算办公室（OMB）和国家标准与技术研究所等，这些部门是军民协同的重点研究对象。特朗普政府时期，网络空间安全已经成为名副其实的独立安全领域，美国网络空间安全治理进一步呈现机制化发展趋势，将网络空间融入国家安全决策体系，实现体系化安排。这种制度性安排在顶层战略上就保证了军民主管部门能够在国家安全的层面实现有效协同，如原有的网络空间办公室职能纳入国家安全委员会，由国家安全委员会做顶层协调，而国防部和国土安全部都是国家安全委员会的法定成员。这说明，网络空间安全治理具有独有的特点，同时也具有国家安全治理的通用性特点。

三、未来研究的构想

军民协同仅仅是网络空间安全治理的一方面，而网络空间科技创新演进、规则标准制定，以及国际关系变革等，都会形成网络空间安全的内在和外在压力与动力。本书仅仅对美国联邦政府内部部门之间的军民协同进行了初步探索，远不能勾勒出美国网络空间安全治理的全貌，也没有触及美国国家安全运行体系更深层次的治理哲学，这需要在未来研究进一步深入探索。特别是当前就中美战略博弈的态势发展而言，密切跟踪中美关系变化，研究我国自身网络空间安全和科技创新，应该是近期网络空间安全研究的一个重要方向。

（一）研究中美战略博弈语境下的网络空间安全治理体系变革

在可预见的时期内，网络空间将继续是中美战略博弈主战场，传统上的军事对抗在网络空间领域将以新的形式展现。中美两国在贸易领域引发的冲突正在向两国关系其他方面蔓延，高科技领域成为两国战略博弈的核心筹码。如果任由这种竞争态势发展，最终将引发两国整个科技体系全面“脱钩”现象，甚至波及现有国际体系。网络信息技术作为最具创新引领意义的生产要素，多年来两国已经形成深层次的相互依赖，一旦出现强行脱钩，对我国现代化建设必将造成不可估量的损失。近年来，美国不断强化“全政府”“全国家”的理念来发展网络空间能力体系。例如，美国自2017年推出“电子复兴计划”以后，一方面加大对我国芯片技术进出口的管制力度；另一方面积极部署国内网络信息技术基础能力。2020年4月22日，美国国防部重新调整尖端技术排序，将微电子技术从第九位直接提升至首位；2020年6月中下旬，美国两党议员共同提出两项微电子产业发展相关法案。这些举动说明，美国通过顶层设计、体系布局，凝聚全民意志、国家力量发展微电子行业的动向，值得我国关注与警惕。这种趋势表明，美国在网络空间安全层面持续加强国家整体力量运用，军民协同将进一步加强，对此我们一方面需要密切关注美国网络空间安全的布局和进展，另一方面应该把握网络信息体系转型的机遇和这种外部战略竞争带来的压力，勇于与美国直面竞争，展开“技术白刃战”，超前研究下一代战略性网络空间安全能力体系布局问题。

（二）研究构建我国军民协同网信科技创新生态体系的路径与策略

美国网络空间安全体系是经过多年迭代发展起来的，是经历长期的基础科研加有效治理形成的结果。当前美国在保持既有技术优势的前提下，依然为提升网信体系基础能力而抓紧布局，意在对我国形成技术压力，抵消我国在经济和军事领域取得的成就。尽管中美两国对尖端科技的认知不同、发展方向的判断不同，在发展路径可能产生争议，但是有一点可以确定的是，如果美国卡住了网络空间基础技术能力，就卡住了所有这些尖端技术的命门。人工智能、量子计算、先进无线网络以及其他关键技术领域保持国际领先地位的关键，就在于进一步扩大基础领域的领先优势。近来在中美博弈中，无论是科技战还是贸易战，都反复印证了这一点。因此，亟须深入研究破除体制机制壁垒、提升基础能力、塑造良好的科技创新生态体系维护我国网络空间安全的路径方法。尤其需要体系思维模式，借鉴美国网络空间安全治理的经验，加强跨部门的协调力度，构建产、学、研的闭环，打破创新链、产业链、资本链条上的“壁垒”和“坚冰”，把孤立的能力联系起来形成体系能力，从而加强各类创新力量和要素的协同配合，形成一体化的战略体系和能力。

（三）研究发挥“新型举国体制”抵消外部压力策略与路径

面对“百年未有之大变局”，我国国家安全环境更为错综复杂，大国竞争带来的科技创新需求压力前所未有。“以快打慢、赢家通吃”成为新时期科技创新的基本特征。因此，要把握航天、网络空间和海洋等领域的国家安全战略需求，深入研究如何发挥我国“新型举国体制”优势，在方向正确的前提下，进一步打通创新链条上的“壁垒”“坚冰”，通过天地一体化网络信息体系等有关国家安全的战略性、体系性工程，在具体工程实践中不断探索军民协同创新的路径和模式。而面对美国战略施压，既不能熟视无睹，但也不可“盲目夸大、战略恐慌”。特别是在美国加紧对我战略施压的特殊时期，科技创新的风险性和不确定性前所未有的增加。必须清醒地认识到，我国的物质技术基础较发达国家仍比较落后，不可能面面俱到。应当充分发挥国家战略牵引作用，统筹国家资源配置，既要防止陷入“成本强加”的陷阱，也要防止陷入“战略诱骗”的误区。网络信息产业是建立在以半导体、激光器等为代表的电子信息技术的基础上，随着半导体、大规模集成电路为基础的经典计算性能面临瓶颈，云计算、移动通信、大数据、人工智能、区块链等新一代信息技术走向成熟。这需要我们在客观分析的基础上，深入研究利用现有信息技术进行深化、适配和组合，通过军民融合战略推进，大幅提升行业解决问题能力，判明未来几年内信息产业演进的重要方向。

（四）密切跟踪中美关系动向抓紧布局自主安全可控网信体系

美国目前正在积极布局新一代网络空间能力体系，其目标一旦实现，美军的武器装备和网络空间系统设施将得到全面升级，整个网络信息体系将发生革命性和颠覆性的变化，对我国现有网络信息体系甚至信息化装备体系形成极大的威胁和技术压制。因此，未来网络空间安全研究，应该在继续深化研究满足当前国防和经济发展需要的同时，从理论研究和工程技术两个层面抓紧研究下一代网信体系的整体特点和核心关键技术。特别是在具体研究方法上，进一步发挥理技结合、军民融合优势，加强对中美网络空间战略研究，密切跟踪中美关系动向，对网信核心技术可能出现的“脱钩”倾向，以及针对战争模式的变化，思考我国网络信息体系的整体布局，从构建创新链和维护供应链安全角度，提出发展自主、安全、可控网络空间信息产业体系的建议和研究成果。

参考文献

一、中文著作

魏宏森:《体系科学方法论导论》，北京：人民出版社，1983 年版。

蔡翠红:《信息网络与国际政治》，北京：学林出版社，2003 年版。

蔡翠红:《美国国家信息安全战略》，上海：学林出版社，2009 年第 1 版。

蔡军、王宇等:《美国网络空间作战能力建设研究》，北京：国防工业出版社，2018 年第 1 版。

陈卫星:《传播的表象》，广州：广东人民出版社，1999 年第 1 版。

陈学明、吴松、远东:《哈贝马斯论交往》，昆明：云南人民出版社，1998 年版。

姚有志:《20 世纪战略理论遗产》，北京：军事科学出版社，2001 年版。

李辉光:《美军信息作战与信息化建设》，北京：军事科学出版社，2004 年第 1 版。

东鸟:《中国输不起的网络战争》，长沙：湖南人民出版社，2010 年第 1 版。

黄凤志:《信息革命与当代国际关系》，长春：吉林大学出版社，2005 年第 1 版。

惠志斌:《全球网络空间信息安全战略研究》，上海：上海世界图书出版公司，2013 年第 1 版。

刘戟锋:《军事技术论》，北京：解放军出版社，2014 年第 1 版。

刘峰、林东岱:《美国网络空间安全体系》，北京：科学出版社，2015 年第 1 版。

刘静波:《21 世纪初中国国家安全战略》，北京：时事出版社，2006 年 5 月版。

陆忠伟:《非传统安全论》，北京：时事出版社，2003 年版。

吕晶华:《美国网络空间战思想研究》，北京：军事科学出版社，2014 年版。

倪世雄:《当代西方国际关系理论》，上海：复旦大学出版社，2005 年第 1 版。

乔岗编著:《网络化生存》，北京：中国城市出版社，1997 年版。

秦亚青:《权力 · 制度 · 文化》，北京：北京大学出版社，2005 年版。

钱学森:《钱学森体系科学思想文选》，北京：中国宇航出版社，2011 年第 1 版。

沈逸:《美国国家网络安全战略》，北京：时事出版社，2013 年第 1 版。

唐子才、梁雄健:《互联网规制理论与实践》，北京：北京邮电大学出版社，2008 年第 1 版。

王帆、曲博:《国际关系理论：思想，范式与命题》，北京：世界知识出版社，2013 年版。

王沪宁:《政治的逻辑》，上海：上海人民出版社，2016 年第 1 版。

汪致远、李常蔚、姜岩:《决胜信息时代》，北京：新华出版社，2000 年版。

吴献东:《军工企业与资本市场和政府的关系：从白宫为什么能“hold”住华尔街上的军工巨头说起》，北京：航空工业出版社，2013 年版。

阎学通、孙学峰:《国际关系研究实用方法》，北京：人民出版社，2001 年第 1 版。

杨剑：《数字边疆的权力与财富》，上海：上海人民出版社，2012 年第 1 版。

余洋：《世界主要国家网络空间发展年度报告（2014）》，北京：国防工业出版社，2015 年第 1 版。

左晓栋：《美国网络安全战略与政策二十年》，北京：电子工业出版社，2017 年第 1 版。

中共中央党史和文献研究院编：《习近平关于总体国家安全观论述摘编》，北京：中央文献出版社，2018 年 3 月版。

中国现代国际关系研究院：《国际战略与安全形势评估（2018/2019）》，北京：时事出版社，2019 年第 1 版。

张国庆：《公共政策分析》，上海：复旦大学出版社，2004 年版。

二、中文译著

［德］弗朗茨·约瑟夫·施特劳斯，上海《国际问题资料》编译组：《挑战与应战》，上海：上海人民出版社，1976 年版。

［德］哈贝马斯，郭黎译：《作为“意识形态”的技术与科学》，上海：学林出版社，1999 年版。

［法］让—弗朗索瓦·利奥塔，车槿山译：《后现代状况：关于知识的报告》，长沙：湖南美术出版社，1996 年版。

［法］让－马克·夸克、佟心平、王远飞译：《合法性与政治》，北京：中央编译出版社，2002 年版。

［美］哈维·M. 萨波尔斯基，尤金·戈尔兹，凯特琳·塔尔梅奇，任海燕等译：《美国安全政策溯源》，国防工业出版社，2016 年版。

［美］亨利·基辛格著，胡利平、林华、曹爱菊译：《世界秩序》，北京：中信出版社，2015 年版。

［美］梅尔文·P. 莱弗勒，孙建中译：《权力优势：国家安全、杜鲁门主义与冷战》，北京：商务印书馆，2019 年版。

［美］A. 托夫勒：《预测与前提》，载《托夫勒著作选》，沈阳：辽

宁科学技术出版社，1984 年版。

［美］N. 维纳，郝季仁译：《控制论》，北京：京华出版社，2000 年版。

［美］P. 切克兰德，左小斯、史然译：《体系论的思想与实践》，北京：华夏出版社，1990 年版。

［美］阿尔温·托夫勒：《权力的变移》，成都：四川人民出版社，1991 年版。

［美］加布里埃尔 A. 阿尔蒙德、小 G 宾厄姆、鲍威尔著，曹沛霖、郑世平、公婷等译：《比较政治学：体系、过程和政策》，上海：上海译文出版社，1987 年版。

［美］克里斯提娜·格尼亚科：《计算机革命与全球伦理学》，载［美］特雷尔·拜纳姆、西蒙·罗杰森主编，李伦等译：《计算机伦理与专业责任》，北京：北京大学出版社，2010 年版。

［美］马克·斯劳卡著，黄锫坚译：《大冲突：赛博空间和高科技对现实的威胁》，南昌：江西教育出版社，1999 年版。

［美］弥尔顿·L. 穆勒，周程译：《网络与国家：互联网治理的全球政治学》，上海：上海交通大学出版社，2015 年第 1 版。

［美］莫顿·卡普兰，薄智跃译：《国际政治的系统和过程》，上海：上海人民出版社，2008 年第 2 版。

［美］阿尔温·托夫勒：《托夫勒著作选》，沈阳：辽宁科学技术出版社，1984 年版。

［美］约瑟夫·奈，刘华译：《美国注定领导世界？—美国权力性质的变迁》，北京：中国人民大学出版社，2012 年版。

［美］约瑟夫·奈，郑志国译：《美国霸权的困惑——为什么美国不能独断专行》，北京：世界知识出版社，2002 年版。

［美］曼纽尔·卡斯特著，夏铸九、王志弘译：《网络社会的崛起》，北京：社会科学文献出版社，2001 年第 1 版。

［美］曼纽尔·卡斯特著，夏铸九、王志弘译：《认同的力量》，北京：社会科学文献出版社，2003 年第 1 版。

［英］巴瑞·布赞（Barry Buzan）等著，朱宁译：《新安全论》，杭州：浙江人民出版社，2003 年版。

［英］赫德利·布尔：《无政府社会：世界政治中的秩序研究》，上海：上海人民出版社，2015 年版。

三、中文期刊

蔡翠红：《美国网络空间先发制人战略的构建及其影响》，《国际问题研究》，2014 年第 1 期。

蔡翠红：《网络空间的中美关系：竞争、冲突与合作》，《美国问题研究》，2012 年第 3 期。

程群、何奇松：《美国网络威慑战略浅析》，《国际论坛》，2012 年第 5 期。

程群：《奥巴马政府的网络安全战略分析》，《现代国际关系》，2010 年第 1 期。

程群：《美国网络安全战略分析》，《太平洋学报》，2010 年第 7 期。

崔文波：《从小布什到奥巴马：美国网络外交政策的转向》，《江南社会学院学报》，2018 年第 4 期。

董青岭、戴长征：《网络空间威慑报复是否可行?》，《世界经济与政治》，2012 年第 7 期。

董青岭：《多元合作主义与网络安全治理》，《世界经济与政治》，2014 年第 11 期。

杜雁芸：《美国网络安全领域军民融合的发展路径分析》，《中国信息安全》，2016 第 8 期。

方滨兴、邹鹏、朱诗兵：《网络空间主权研究》，《中国工程科学》，2016 年第 6 期。

黄华新、徐慈华：《符号学视野中的网络互动》，《自然辩证法研究》，2003 年第 1 期。

计宏亮、赵楠：《解读美军联合信息环境计划》，《国防科技》，2015

年第 5 期。

计宏亮、赵楠:《论美军国防信息基础设施的演变与推进》,《飞航导弹》,2016 年第 1 期。

计宏亮:《美国军民一体化网络空间安全体系发展研究》,《情报杂志》,2019 年第 10 期。

江泽民:《新时期我国信息技术产业的发展》,《上海交通大学学报》,2008 年第 10 期。

阚道远:《美国网络国际战略的基本要义与发展动向》,《思想理论教育导刊》,2012 年第 10 期。

李恒阳:《美国网络安全面临的新挑战及应对策略》,《美国研究》,2016 年第 4 期。

李恒阳:《美国网络军事战略探析》,《国际政治研究》,2015 年第 1 期。

李少军:《国际体系中安全观的基本框架》,《国际经济评论》,2002 年第 2 期。

刘勃然、黄凤志:《美国〈网络空间国际战略〉评析》,《东北亚论坛》,2012 年第 3 期。

刘建伟:《美国网络安全产业军民复合体——推进网络安全和信息化军民融合深度发展的“他山之石”》,《中国信息安全》,2015 年第 7 期。

刘金瑞:《美国网络安全立法近期进展及对我国的启示》,《暨南学报(哲学社会科学版)》,2014 年第 2 期。

刘文富:《国外学者对网络政治的研究》,《政治学研究》,2001 年第 2 期。

刘韵洁:《未来网络发展趋势探讨》,《信息通信技术》,2015 年第 9 期。

龙坤、朱启超:《网络空间国际规则制定——共识与分歧》,《国际展望》,2019 年第 11 期。

鲁传颖:《奥巴马政府网络空间战略面临的挑战及其调整》,《现代国际关系》,2014 年第 5 期。

罗晖:《美国总统的科技观与科技政策（三）——促进经济恢复与增长的科技政策》,《全球科技经济瞭望》, 2009 年第 4 期。

吕晶华:《奥巴马政府网络空间安全政策述评》,《国际观察》, 2012 年第 2 期。

吕晶华:《美国网络空间军民融合的经验与启示》,《中国信息安全》, 2016 年第 8 期。

吕晶华:《美国网络空间战思想发展述评》,《西安政治学院学报》, 2017 年第 1 期。

马民虎、方婷、王玥:《美国网络安全信息共享机制及对我国的启示》,《情报杂志》, 2016 年第 3 期。

沈逸:《美国国家网络安全战略的演进及实践》,《美国研究》, 2013 年第 3 期。

孙国强:《关系、互动与协同：网络组织的治理逻辑》,《中国工业经济》, 2003 年第 11 期。

汪晓风:《“美国优先”与特朗普政府网络战略的重构》,《复旦学报（社会科学版）》, 2019 年第 4 期。

汪晓风:《美国网络安全战略调整与中美新型大国关系的构建》,《现代国际关系》, 2015 年第 6 期。

汪晓风:《“斯诺登事件”后美国网络情报政策的调整》,《现代国际关系》, 2018 年第 11 期。

王本欣:《美国网络安全政策：历史经验与现实动向》,《现代国际关系》, 2017 年第 4 期。

王杨:《试论新安全观下的网络信息安全管理》,《网络安全技术与应用》, 2018 年第 8 期。

温柏华:《美国军民融合网络空间国家体制及启示》,《中国信息安全》, 2015 年第 8 期。

徐龙第:《美国“先发制人”网络打击政策的背景条件与挑战》,《当代世界》, 2013 年第 7 期。

许嘉:《美国战略思维与新军事变革》,《解放军报》, 2003 年 10 月

29 日，第 12 版。

颜琳、陈侠:《美国网络安全逻辑与中国防御性网络安全战略的建构》,《湖南师范大学社会科学学报》，2014 年第 4 期。

杨志坚:《协同视角下的军民融合路径研究》,《科技进步与对策》，2013 年第 4 期。

张腾军:《特朗普政府网络安全政策调整特点分析》,《国际观察》，2018 年第 3 期。

张新宝、许可:《网络空间主权的治理模式及其制度构建》,《中国社会科学》，2016 年第 8 期。

赵超阳:《美军军民融合推动网络空间发展的做法》,《国防》，2014 年第 8 期。

赵澄谋、姬鹏宏、刘洁、张慧军、王延飞:《世界典型国家推进军民融合的主要做法分析》,《科学学与科学技术管理》，2005 年第 10 期。

郑巧、肖文涛:《协同治理：服务型政府的治道逻辑》,《中国行政管理》，2008 年第 7 期。

周宏仁:《培育数字企业加快数字转型》,《经济日报》，2018 年 12 月 6 日，第 16 版。

周宏仁:《网络空间的崛起与战略稳定》,《国际展望》，2019 年第 3 期。

周鸿祎、张春雨:《积极推动军民融合网络安全深度发展》,《国防》，2018 年第 3 期。

周季礼、宋文颖:《美国推动军民网络融合发展的主要做法与举措》,《中国信息安全》，2015 年第 7 期。

四、中文网络文献

中国政府网:《中央网络安全和信息化领导小组第一次会议召开》, http://www.gov.cn/ldhd/2014-02/27/content_2625036.htm?&from=androidqq.（上网时间：2014 年 2 月 27 日）

杨洁篪：《深入学习贯彻习近平外交思想谱写外交新篇章》，http：//news. ifeng. com/a/20170717/51447363_0. shtml. （上网时间：2017 年 12 月 1 日）

《习近平总书记在网络安全和信息化工作座谈会上的讲话》，http：//www. cac. gov. cn/2016 - 04/25/c_1118731366. htm.（上网时间：2016 年 4 月 25 日）

《习主席国防和军队建设重要论述读本（2016 年版）》. http：//www. mod. gov. cn/regulatory/2016 - 06/07/content_4671272_11. htm.（上网时间：2016 年 6 月 7 日）

五、外文原著

Ansari，Ali M.，*The Politics of Nationalism in Modern Iran*，New York：Cambridge University Press，2012.

Alan D. Campen，*The First Information War*，California：AFCEA International Press，1992.

Alison LawlorRussell，*Cyber Blockades*，Georgetown ：Georgetown University Press，2014.

Almond，G. A.，Coleman，J. S，*The Politics of the Developing Areas*，Princeton：Princeton University Press，1960.

Berkowitz，B. D，*The new face of war：How war will be fought in the 21st century*. New York：NY Free Press. 2003.

Boulder，*The Information Web：Ethical and Social Implications of Computer Networking*，*Boulder CO*：Westview Press，1989.

Buchanan，B，*The cybersecurity dilemma：Hacking，trust，and fear between nations*，Oxford：Oxford University Press，2016.

Buzan，B.，Waever，O.，& De Wilde，J，*Security：A new framework for analysis*，Boulder，CO：Lynne Rienner. 1998.

Castells，Manuel，*End of Millennium*，*The Information Age：Economy*，

Society and Culture Vol. III, Cambridge, Massachusetts; Oxford: Blackwell, 1998.

Castells, Manuel, *The Power of Identity*, *The Information Age: Economy*, *Society and Culture Vol. II*, Cambridge, Massachusetts; Oxford: Blackwell, 1997.

Castells, Manuel: *The Rise of the Network Society*, *The Information Age: Economy*, *Society and Culture Vol. I*, *Cambridge*, *Massachusetts*; Oxford: Blackwell, 1996.

Deibert, R., "Trajectories of Cyber Security Research," In A. Gheciu, & W. C. Wohlforth (Eds.), *Oxford handbook of international security*. Oxford: Oxford University Press. 2017.

Derek S. Reveron, *Cyberspace and National Security*, *Threats*, *Opportunities*, *and Power in a Virtual World*, Georgetown University Press, 2012.

Dunn Cavelty, M, *Cyber-security and threat politics: US efforts to secure the information age*. London: Routledge, 2008.

Dunn Cavelty, M., & Kristensen, K. S. (Eds.), *Securing the homeland: Critical infrastructure*, *risk*, *and (In) security*, London: Routledge, 2008.

Hermann Haken, *Synergetics: An introduction*, Berlin: Springer-Verlag, 1977.

Hansen, L, *Security as practice: Discourse analysis and the bosnian war*, London: Routledge, 2006.

Herrera Lucas Geoffrey, *Technology and International Transformation: The Railroad*, *the Atom Bomb*, *and the Politics of Technological Change*, Albany: State University of New York Press, 2006.

Leese, M., & Hoijtink, M. (Eds.), *Technology and agency in international relations*, London: Routledge. 2019.

Michael Chertoff. *Chapter Title*: 8 *Cybersecurity*, *Homeland Security*, University of Pennsylvania Press, November 2011.

Miehael Benedikt, *Cyberspace: First Step*, Cambridge, M. A, MIT press, 1991.

Phillip W. Brunst, "Use of the Internet by Terrorists: A Threat Analysis," *Centre of Excellence Defence Against Terrorism*, *ed*, *Responses to Cyber Terrorism*, Amsterdam: IOS Press, 2008.

Price, M, "The global political of internet governance: A case study in closure and technological design". In D. McCarthy (Ed.), *Technology and world politics: And Introduction.* London: Routledge, 2018.

P. W. Singer, Allan Friedm, *Cybersecurity and Cyberwar: What Everyone Needs to* Know, Oxford University Press, 2014.

Rattray, G, *Strategic warfare in cyberspace.* Cambridge, MA: The MIT Press. 2001.

Schwab, K, *Shaping the future of the fourth industrial revolution: A guide to building a better world*, New York, NY: Currency, 2018.

Scott Jasper: *Conflict and Cooperation in the Global Commons: A Comprehensive Approach for International Security*, Georgetown University Press, 2012.

Shane Harris, *@ War: The Rise of the Military – Internet Complex*, New York: Houghton Mifflin Harcourt, 2014.

Waltz N, Kenneth, *Theory of International Politics*, Addison – Wesley Pub. Co. 2005.

六、外文期刊论文

Abbe Mowshowitz, "On approaches to the study of social issues in computing," *Communications of the ACM* 24, 1981.

Arnold Wolfers, "National Security as an Ambiguious Symbol," *Political Science Quarterly*, 1952.

Balzacq, T., & Dunn Cavelty, M. A theory of actor – network for cyber –

security. *European Journal of International Security*, doi: 10. 1017/eis. 2016. 8. 2016 (1).

Bingham, N. Objections, "From technological determinism towards geographies of relations," *Environment and Planning D: Society and Space*, doi: 10. 1068/d140635, 1996.

Brandon Valeriano, Ryan Maness, "The dynamics of cyber conflict between rival antagonists, 2001 - 11," *Journal of Peace Research*, Vol. 51, 2014 (3).

Bruce Berkowitz, "Warfare in the Information Age," *Science and Technology* Fall 1995.

Choucri, N., & Clark, D. D, Who controls cyberspace? *Bulletin of the Atomic Scientists*, 2013 (5).

Christopher Layne, "From Preponderance to Offshore Balancing: America's Future Grand Strategy," *International Security*, Vol. 22, 1994 (Fall).

Dunn Cavelty, M., & Egloff, F. J, "The politics of cybersecurity: Balancing different roles of the state," *St Antony's International Review*, 2019.

Egloff, F. J, "Contested public attributions of cyber incidents and the role of academia". *Contemporary Security Policy*, 2020.

Fischerkeller, M. P., & Harknett, J. R, "Persistent engagement, agreed competition, cyberspace interaction dynamics, and escalation," *Alexandria, VA: Institute for Defense Analysis*, 2018.

Frank *J. Cilluffo*, *J. Paul Nicholas*, "*Cyberstrategy* 2. 0," *The Journal of International Security Affairs*, *Spring* 2006.

Gary McGraw, "Cyber War Is Inevitable (Unless We Build Security In)," *The Journal of Strategic Studies*, Vol. 36, No. 1, 2013.

Georgieva, I, "The unexpected norm - setters: Intelligence agencies in cyberspace," *Contemporary Security Policy*, doi: 10. 1080/13523260. 2019. 1677389. 2020.

Giles, K. , & Hagestad, W, "Divided by a common language: Cyber definitions in Chinese, Russian and English," In K. Podins, J. Stinissen, & M. Maybaum (Eds.), *Proceedings of the 5th international conference on cyber conflict*, Tallinn: CCD COE Publications. 2013.

Hagmann, J. , Hegemann, H. , & Neal, A. W, "The politicisation of security: Controversy, mobilization", *Arena Shifting. European Review of International Studies*, doi: 10. 3224/eris. v5i3. 01, 2019.

Herrera, G, "Technology and international systems," *Millennium: Journal of International Studies*, doi: 10. 1177/03058298030320031001. 2003.

Hofmann, J, "Multi – stakeholderism in Internet governance: Putting a fiction into practice," *Journal of Cyber Policy.* doi: 10. 1080/23738871. 2016. 1158303. 2016.

James A. Lewis, *Cyber Security: Turning National Solutions into International Cooperation*, *Center for Strategic & International Studies*, (2003 年 8 月 14 日).

James Adams, *The Next World War: Computers Are the Weapons&the Front Line Is Everywhere*, Simon& Schuster, 1998.

Janet Abbate, *Inventing the Internet*, Cambridge: MIT Press, 1999.

Johanson J, Mattsson L G, "Interorganizational relations in industrial systems: a network approach compared with the transaction cost approach," *International Studies of Management & Organization.* 1987 (17).

John Arquilla, David Ronfeldt, "Cyberwar is Coming!" *Comparative Strategy*, Vol. 12, No. 2, Spring 1993.

John P. Carlin, "Detect, Disrupt, Deter: A Whole – of – Government Approach to National Security Cyber Threats," *Harvard National Security Journal*, 2016 (7).

Johnson D G, *Computer Ethics. New Jersey: Prentice Hall PTR*, 2000.

Joseph S. Nye, Jr, *Cyber Power*, Belfer Center for Science and International Affairs, Harvard Kennedy School, 2010.

Joseph S. Nye, Jr, "Get Smart," *Foreign Affairs*, 2009, 88 (4).

Joseph S. Nye, Jr, Owens W A, "America's Information Edge," *Foreign Affairs*, 1996, 75 (2).

Kris E. Barcomb, "From Sea Power to Cyber Power, Learning from the Past to Craft a Strategy for the Future," *Joint Force Quarterly*, Iss 69, 2013.

Kristell G. Havens, *Borders Without Boundaries*: *Analysis of Cyber Security Policy and Changing Notions of Sovereignty*, In Partial Fulfillment of the Requirements for the Degree of Master of Science Cybersecurity, Utica College, December 2014.

Kristin M. Lord and Travis Sharp ed., "America's Cyber Future: Security and Prosperity in the Information Age," *Report of the Center for New American Security*, June 2011.

National Academy of Sciences, *Computers at risk*: *Safe computing in the information age*, National Academy Press, 1991.

Naughton, J, "The evolution of the internet: From military experiment to general purpose technology". *Journal of Cyber Policy*, doi: 10.1080/23738871.2016.1157619, 2016 (1).

Pylyshyn, Z. W, "Computation and cognition: toward a foundation for cognitive science," *Artificial Intelligence*, 1984, 38 (2).

Richard Horne, "Establishing the first line of defense," *The World Today*; Dec2012/Jan2013, Vol. 68 Issue 11.

Robert J. Domanski, *Who Governs the Internet? The Emerging Policies*, *Institutions*, *and Governance of Cyberspace*, A dissertation submitted to the Graduate Faculty in Political Science in partial fulfillment of the requirements for the degree of Doctor of Philosophy, The City University of New York, 2013.

Stephen W. Korns, "Cyber Operations: The New Balance," *Joint Force Quarterly*, Issue 54, 3rd quarter 2009.

Terry Terriff, Stuart Croft, Lucy James, Patrick M. Morgan, *Security Studies Today*, Cambridge: Polity Press, 1999.

Walt S M, "The Renaissance of Security Studies," *International Studies Quarterly*, 1991 (2).

Weber, V, "Linking Cyber Strategy with Grand Strategy: The case of the United States," *Journal of Cyber Policy*, 2018.

Weizenbaum, J, "Computer Power and Human Reason: From Judgment to Calculation," *Physics Today*, 30 (1), 1977.

七、外文网络文献

Aaron Boyd, "DNI Clapper: Cyber bigger threat than terrorism," https://www.federaltimes.com/management/2016/02/04/dni-clapper-cyber-bigger-threat-than-terrorism/.（上网时间：2016年2月4日）

Alfred Ng, "Obama Cybersecurity Czar: We gave Trump a head start," https://www.cnet.com/news/obama-cyber-czar-michael-daniel-trump-cybersecurity-plans-head-start/.（上网时间：2017年7月28日）

Amanda Holpuch, "Tim Cook Says Apple's Refusal to Unlock iPhone for FBI Is A 'Civil Liberties' Issue," https://www.theguardian.com/technology/2016/feb/22/tim-cookapple-refusal-unlock-iphone-fbi-civil-liberties.（上网时间：2016年2月22日）

Anastasios Arampatzis, "U.S. National Cyber Strategy: What You Need to Know," https://www.tripwire.com/state-of-security/government/us-cyber-strategy/.（上网时间：2018年10月18日）

Anja Kaspersen, "Cyberspace: the new frontier in warfare," https://www.weforum.org/agenda/2015/09/cyberspace-the-new-frontier-in-warfare/.（上网时间：2015年9月24日）

Baker, S., Waterman, S., & Ivanov, G., "In the Crossfire: Critical Infrastructure in the Age of Cyber War," http://img.en25.com/Web/McAfee/CIP_report_final_uk_fnl_lores.pdf.（上网时间：2013年3月20日）

Barbara George, “Keeping the Role of the White House Cyber Security Coordinator in Perspective” . https://www.thecipherbrief.com/column_article/keeping-the-role-of-the-white-house-cyber-security-coordinator-in-perspective.（上网时间：2018年6月29日）

Belisario Contreras, “3 ways governments can address cybersecurity in the post-pandemic world,” https://www.weforum.org/agenda/2020/06/3-ways-governments-can-address-cyber-threats-cyberattacks-cybersecurity-crime-post-pandemic-covid-19-world/.（上网时间：2020年6月29日）

Booz Allen Hamilton, Cyber 2020 Asserting Global Leadership in the cyber domain, http://www.boozallen.com/media/file/Cyber-Vision-2020.pdf.（上网时间：2011年2月20日）

Bradley Graham, “Bush Orders Guidelines for Cyber-Warfare: Rules for Attacking Enemy Computers Prepared as U.S. Weighs Iraq Options,” https://web.stanford.edu/class/msande91si/www-spr04/readings/week5/bush_guidelines.html.（上网时间：2003年2月7日）

Breanne Deppisch, “DHS Was Finally Getting Serious About Cybersecurity. Then Came Trump,” https://www.politico.com/news/magazine/2019/12/18/america-cybersecurity-homeland-security-trump-nielsen-070149.（上网时间：2019年12月18日）

Bridgette Braxton, *Critical Infrastructure Protection. A Capstone Project Submitted to the Faculty of Utica College*, in Partial Fulfillment of the Requirements for the Degree of Master of Science in Cybersecurity Intelligence, November 2013.

Bruce Stokes, “Extremists, cyber-attacks top Americans' security threat list” http://www.pewresearch.org/fact-tank/2014/01/02/americans-see-extremists-cyber-attacks-as-major-threats-to-the-u-s/.（上网时间：2014年4月2日）

Carter Vance, “The Future of US Intelligence: Challenges and Opportunities," http://natoassociation. ca/the – future – of – us – intelligence – challenges – and – opportunities/.（上网时间：2018 年 6 月 27 日）

Center for Strategic and International Studies（CSIS），"Securing Cyberspace for the 44th Presidency：A Report of the CSIS Commission on Cybersecurity for the 44th Presidency," Washington，DC，December 2008，p. 20. https://www. csis. org/analysis/securing – cyberspace – 44th – presidency.（上网时间：2008 年 12 月 8 日）

Center for Strategic and International Studies，"The Economic Impact of Cybercrime and Cyber Espionage". https://csis – website – prod. s3. amazonaws. com/s3fs – public/legacy_files/files/publication/60396rpt_cybercrime – cost_0713_ph4_0. pdf.（上网时间：2013 年 7 月 22 日）

Congress，"DHS Science and Technology Reform and Improvement Act Of 2015," https://congress. gov/114/crpt/hrpt372/CRPT – 114hrpt372. pdf.（上网时间：2015 年 12 月 8 日）

Congress，"Homeland Security Act of 2002," https://www. dhs. gov/sites/default/files/publications/hr_5005_enr. pdf.（上网时间：2002 年 11 月 25 日）

Congress，H. R. 3844 – Federal Information Security Management Act of 2002，https://www. congress. gov/bill/107th – congress/house – bill/3844/text.（上网时间：2002 年 3 月 18 日）

Congressional Research Service，DOD's Cloud Strategy and the JEDI Cloud Procurement. https://crsreports. congress. gov/product/pdf/IF/IF11264.（上网时间：2019 年 11 月 13 日）

Cyberspace Policy Review，"Assuring a Trusted and Resilient Information and Communications Infrastructure," http://www. whitehouse. gov/assets/documents/Cyberspace Policy Review final. pdf.（上网时间：2009 年 4 月 18 日）

Cyberspace Solarium Commission，Cyberspace Solarium Commission report 2019，https://www. solarium. gov/report.（上网时间：2020 年 4 月

22 日）

Cynthia Brumfield, "What is the CISA? How the new federal agency protects critical infrastructure from cyber threats," https://www.csoonline.com/article/3405580/what-is-the-cisa-how-the-new-federal-agency-protects-critical-infrastructure-from-cyber-threats.html.（上网时间：2019 年 7 月 1 日）

Dan Gouré, Cybersecurity Is an Important Part of the Military's Response to COVID-19. https://www.realcleardefense.com/articles/2020/04/25/cybersecurity_is_an_important_part_of_the_militarys_response_to_covid-19_115227.html.（上网时间：2020 年 4 月 25 日）

Danny Vinik, "America's secret arsenal". https://www.politico.com/agenda/story/2015/12/defense-department-cyber-offense-strategy-000331/.（上网时间：2015 年 12 月 9 日）

Dave Nyczepir, "11 federal agencies help start Cybersecurity Talent Initiative," https://www.fedscoop.com/federal-cybersecurity-talent-initiative/.（上网时间：2019 年 4 月 9 日）

Dmitry Filipoff, "Distributed Lethality and Concepts of Future War," http://cimsec.org/distributed-lethality-and-concepts-of-future-war/20831.（上网时间：2016 年 1 月 4 日）

Dorothy Denning, "Cybersecurity's Next Phase: Cyber Deterrence," https://www.scientificamerican.com/article/cybersecuritys-next-phase-cyber-deterrence/.（上网时间：2016 年 12 月 3 日）

Douglas Bonderud, "US Government Agencies Struggle to Address Cybersecurity Workforce Challenges," https://securityintelligence.com/news/us-government-agencies-struggle-to-address-cybersecurity-workforce-challenges/.（上网时间：2018 年 6 月 5 日）

Elizabeth Montalbano, "Cyber Command Pursues 'Defensible' IT Architecture," https://www.darkreading.com/risk-management/cyber-command-pursues-defensible-it-architecture/d/d-id/1096756.（上网时

间：2011 年 3 月 22 日）

Evan Perez, "U. S. Official Blames Russia for Power Grid Attack in Ukraine," http://www.cnn.com/2016/02/11/politics/ukraine - power - grid - attack - russia - us/.（上网时间：2016 年 2 月 11 日）

Frost & Sullivan, "Defending the Homeland in CyberSpace: Developing, Testing and Improving Cyber Security Strategy," http://www.frost.com/sublib/display - report.do? bdata = bnVsbEB% 2BQEJhY2tAfkAxMzQ4MjYzODE4NTQ5&id =9856 -00 -0F -00 -00.（上网时间：2013 年 1 月 25 日）

GAO, "DOD Needs to Take Decisive Actions to Improve Cybersecurity Hygiene". https://www.securitymagazine.com/articles/92160 - gao - dod - needs - to - take - decisive - actions - to - improve - cybersecurity - hygiene.（上网时间：2020 年 4 月 16 日）

GAO, "Substantial Efforts Needed to Achieve Greater Progress on High - Risk Areas," https://www.gao.gov/assets/700/697245.pdf.（上网时间：2019 年 3 月 6 日）

GAO, "Urgent Actions Are Needed to Address Cybersecurity Challenges Facing the Nation," https://www.gao.gov/assets/700/694355.pdf.（上网时间：2018 年 9 月 16 日）

GAO, "Agencies Need to Fully Establish Risk Management Programs and Address Challenges," https://www.gao.gov/assets/710/700503.pdf.（上网时间：2019 年 7 月 25 日）

Gopal Ratnam, John M. Donnelly, "America is woefully unprepared for cyber - warfare". https://www.rollcall.com/2019/07/11/america - is - woefully - unprepared - for - cyber - warfare/.（上网时间：2019 年 7 月 11 日）

Jake Burman, "Terror alert as Islamic State's 'cyber caliphate' hacks more than 54, 000 Twitter accounts," https://www.express.co.uk/news/world/617977/ISIS - Cyber - Caliphate - Hack - Twitter - Saudi - Arabia - Britain - Terror - Tony - McDowell - Junaid - Hussain.（上网时间：2015 年

11 月 9 日）

James A. Lewis, “Cyber War and Competition in the China – U. S. Relationship,” https://www. csis. org/analysis/cyber – war – and – competition – china – us – relationship, （2010 年 6 月 1 日）

James R. Clapper, “Worldwide Threat Assessment of the US Intelligence Community,” https://csis – prod. s3. amazonaws. com/s3fs – public/legacy_files/files/publication/60396rpt_cybercrime – cost_0713_ph4_0. pdf. （上网时间：2016 年 5 月 13 日）

Jeanette Manfra：Cyber Storm VI：Testing the Nation's Ability to Respond to a Cyber Incident. https://www. dhs. gov/blog/2018/04/13/cyber – storm – vi – testing – nation – s – ability – respond – cyber – incident. （上网时间：2018 年 4 月 13 日）

Joe Cheravitch, “Cyber Threats from the U. S. and Russia Are Now Focusing on Civilian Infrastructure,” https://www. rand. org/blog/2019/07/cyber – threats – from – the – us – and – russia – are – now – focusing. html. （上网时间：2019 年 7 月 23 日）

John Arquilla, David Ronfeldt, “In Athena's Camp：Preparing for Conflict in the Information Age”. https://www. rand. org/pubs/monograph_reports/MR880. html. （上网时间：2015 年 5 月 7 日）

John Rollins&Anna C. Henning, “Comprehensive National Cybersecurity Initiative：Legal Authorities and Policy Considerations,” Congressional Research Service, 7 – 5700, https://obamawhitehouse. archives. gov/files/documents/cyber/Congressional%20Research%20Service%20 – %20CNCI%20 – %20Legal%20Authorities%20and%20Policy%20Considerations%20%28March%202009%29. pdf, p. 4. （上网时间：2009 年 3 月 10 日）

Joseph S. Nye, Jr, “From bombs to bytes：Can our nuclear history inform our cyber future?” https://thebulletin. org/2013/09/from – bombs – to – bytes – can – our – nuclear – history – inform – our – cyber – future/. （上网时间：2013 年 9 月 1 日）

Kate Charlet, "Understanding Federal Cybersecurity," https://www.belfercenter.org/sites/default/files/files/publication/Understanding%20Federal%20Cybersecurity%2004-2018_0.pdf.（上网时间：2018 年 4 月 17 日）

Kevin Townsend, Analyzing Cyberspace Solarium Commission's Blueprint for a Cybersecure Nation, https://www.securityweek.com/analyzing-cyberspace-solarium-commissions-blueprint-cybersecure-nation.（上网时间：2020 年 3 月 18 日）

Laura Hautala, "Trump: Cybersecurity should be a Top Priority," https://www.cnet.com/news/trump-cybersecurity-should-be-a-top-priority/.（上网时间：2016 年 10 月 3 日）

Lauren C. Williams, "DOD, DHS report advancing cyber cooperation". https://fcw.com/articles/2018/11/15/dhs-dod-cyber-cooperation.aspx.（上网时间：2018 年 11 月 15 日）

Leslie Stanfield, "Predicting Cyber Attacks: A Study Of The Successes And Failures Of The Intelligence Community," https://smallwarsjournal.com/jrnl/art/predicting-cyber-attacks-a-study-of-the-successes-and-failures-of-the-intelligence-communit.（上网时间：2016 年 7 月 7 日）

Leslie Stanfield, "Predicting Cyber Attacks: A Study Of The Successes And Failures Of The Intelligence Community," https://smallwarsjournal.com/jrnl/art/predicting-cyber-attacks-a-study-of-the-successes-and-failures-of-the-intelligence-communit.（上网时间：2016 年 7 月 7 日）

Libicki M C, "Cyber deterrence and Cyberwar," RAND Corporation, https://www.rand.org/content/dam/rand/pubs/monographs/2009/RAND_MG877.pdf.(上网时间：2009 年 6 月 15 日)

Lillian Ablon, Martin C. Libicki and Andrea A. Golay, "Markets for Cybercrime Tools and Stolen Data: Hackers' Bazaar," http://www.rand.org/pubs/research_reports/RR610.html.（上网时间：2014 年 3 月 25 日）

Mark Pomerleau, "Cyber Command tested 'persistent engagement' in

June exercise," https: //www. fifthdomain. com/dod/cybercom/2019/07/16/cyber – command – tested – persistent – engagement – in – june – exercise/.（上网时间：2019 年 7 月 16 日）

McAfee, "Virtually Here: The Age of Cyber Warfare," http: //cs. brown. edu/courses/csci1800/sources/2009_McAfee_VIRTUAL_CRIMINOLOGY_RPT. pdf.（上网时间：2013 年 3 月 20 日）

Myriam Dunn Cavelty & Andreas Wenger, "Cyber security meets security politics: Complex technology, fragmented politics, and networked science," *Contemporary Security Policy*, DOI: 10. 1080/13523260. 2019. 1678855.（上网时间：2019 年 10 月 16 日）

Myron L. Cramer, Stephen R. Pratt, "Computer Virus Countermeasures – A New Type of Electronic Warfare," *Defense Electronics*, *October* 1989. https: //www. researchgate. net/publication/262325127_Computer_virus_countermeasures – a_new_type_of_electronic_warfare? _sg = 6Iba56iC6OQfcQ2BIXVbmTeHApMioa96ZLCOBAzYqfMnqUJvUNyZc – HB3xmQzH97pyPVZrGyPX_6FLM.（上网时间：2020 年 4 月 23 日）

National Institute of Standards and Technology, "Strengthening the Cybersecurity of Federal Networks and Critical Infrastructure: Workforce Development," https: //www. federalregister. gov/documents/2017/05/16/2017 – 10004/strengthening – the – cybersecurity – of – federal – networks – and – critical – infrastructure.（上网时间：2017 年 5 月 16 日）

Ned Einsig, "Cyber Security Of The United States And The Comprehensive National Cyber Security Initiative," https: //www. ciocoverage. com/cyber – security – of – the – united – states – and – the – comprehensive – national – cyber – security – initiative/.（上网时间：2018 年 12 月 5 日）

Networked World, https: //obamawhitehouse. archives. gov/sites/default/files/rss_viewer/international_strategy_for_cyberspace. pdf.（上网时 间：2015 年 6 月 10 日）

NIAC, "Transforming the U. S. Cyber Threat Partnership Final Report," https：//www. cisa. gov/sites/default/files/publications/NIAC – Transforming – US – Cyber – Threat – PartnershipReport – FINAL – 508. pdf.（上网时间：2019 年 12 月 12 日）

Norma M. Krayem, Mary Beth Bosco, "United States：White House's New National Cyber Strategy：Dramatic Changes For Government Contractors," https：//www. mondaq. com/unitedstates/government – contracts – procurement – ppp/741176/white – house39s – new – national – cyber – strategy – dramatic – changes – for – government – contractors.（上网时间：2018 年 10 月 1 日）

Nye, J. S, "From bombs to bytes：Can our nuclear history inform our cyber future?" Bulletin of the Atomic Scientists, https：//doi. org/10. 1177/0096340213501338.（上网时间：2018 年 12 月 5 日）

Office Of Technology Assessment, Assessing the Potential for Civil – Military Integration：Technologies, Processes, and Practices, 1994. https：//www. princeton. edu/ ~ ota/disk1/1994/9402/9402. PDF.（上网时间：1994 年 9 月 14 日）

Oni, Ebenezer, "Public Policy Analysis," https：//www. researchgate. net/publication/334749461_PUBLIC_POLICY_ANALYSIS.（上网时间：2016 年 11 月 23 日）

Patrick Tucker："NSA – Cyber Command Chief Recommends No Split Until 2020：Sources". https：//www. defenseone. com/technology/2019/03/nsa – cyber – command – chief – recommend – no – split – until – 2020/155345/.（上网时间：2019 年 3 月 6 日）

Paul D. Shinkman, "America Is Losing the Cyber War," https：//www. usnews. com/news/articles/2016 – 09 – 29/cyber – wars – how – the – us – stacks – up – against – its – digital – adversaries.（上网时间：2016 年 9 月 29 日）

Paul Rosenzweig, "The Cybersecurity Act of 2015," https：//www. lawfareblog. com/cybersecurity – act – 2015.（上网时间：2015 年 12 月 16

日）

Phil Goldstein, "The Intelligence Community's Top 3 Cybersecurity Priorities," https://fedtechmagazine.com/article/2017/08/intelligence-communitys-top-3-cybersecurity-priorities.（上网时间：2017 年 8 月 21 日）

Ponemon Report, "Critical Infrastructure Organizations Suffer Multiple Cyber Attacks". https://www.hstoday.us/reports-of-interest/ponemon-report-critical-infrastructure-organizations-suffer-multiple-cyber-attacks/.（上网时间：2019 年 4 月 9 日）

Reuters, "US Defence Secretary Chuck Hagel Calls for Cyber Security Rules," https://www.reuters.com/article/us-usa-defense-hagel-cyber-idUSBRE94U05Y20130531.（上网时间：2013 年 5 月 31 日）

Rosemary Tropeano, "Deterrence in Cyber, Cyber in Deterrence," https://thestrategybridge.org/the-bridge/2019/5/27/deterrence-in-cyber-cyber-in-deterrence.（上网时间：2019 年 5 月 27 日）

Rukmini Callimachi, "ISIS and the Lonely Young American," The New York Times, June 27, 2015, http://www.nytimes.com/2015 /06 /28 /world /americas /isis-online-recruiting-american.html?_r = 0.（上网时间：2015 年 6 月 27 日）

Samar Ali, Todd Overman & Sylvia Yi, "Federal Government Restructures Its Approach to Cybersecurity," https://www.bassberrygovcontrade.com/federal-government-restructures-its-approach-to-cybersecurity/.（上网时间：2016 年 8 月 9 日）

Sheldon Whitehouse, Michael McCaul, etc., "From Awareness to Action: A Cybersecurity Agenda for the 45th President"., https://csis-prod.s3.amazonaws.com/s3fspublic/publication/170110_Lewis_CyberRecommendations NextAdministration_Web.pdf.（上网时间：2019 年 4 月 15 日）

Steven Aftergood, "US Cyber Offense is The Best in the World," https://fas.org/blogs/secrecy/2013/08/cyber-offense/.（上网时间：2013 年 8 月 26 日）

The Shephard News Team, "Northrop supports DoD's new cyber strategy," https://www.shephardmedia.com/news/digital-battlespace/northrop-supports-dods-new-cyber-strategy/.（上网时间：2015 年 4 月 27 日）

The U. S. -China Economic and Security Review Commission: "Technology, Trade, and Military-Civil Fusion: China's Pursuit of Artificial Intelligence, New Materials, and New Energy," https://www.uscc.gov/sites/default/files/2019-10/June%207,%202019%20Hearing%20Transcript.pdf.（上网时间：2019 年 6 月 7 日）

Thomas P. Rona, "Weapon Systems and Information War," https://www.esd.whs.mil/Portals/54/Documents/FOID/Reading%20Room/Science_and_Technology/09-F-0070-Weapon-Systems-and-Information-War.pdf.（上网时间：2019 年 12 月 1 日）

W. J. Lynn III, "Deputy Secretary of Defense Speech: Remarks on Cyber at the RSA Conference," https://archive.defense.gov/speeches/speech.aspx?speec-hid=1535.（上网时间：2011 年 2 月 15 日）

WikiLeaks releases, "Wikileaks-Says-It-Has-Obtained-Trove-Of-CIA-Hacking-Tools," https://www.washingtonpost.com/world/national-security/wikileaks-says-it-has-obtained-trove-of-cia-hacking-tools/2017/03/07/c8c50c5c-0345-11e7-b1e9-a05d3c21f7cf_story.html.（上网时间：2017 年 3 月 17 日）

Zak Doffman, "Cyber Warfare: U. S. Military Admits Immediate Danger Is 'Keeping Us Up At Night'," https://www.forbes.com/sites/zakdoffman/2019/07/21/cyber-warfare-u-s-military-admits-immediate-danger-is-keeping-us-up-at-night/#7c520c910613.（上网时间：2019 年 7 月 21 日）

Zak Doffman, U. S. Attacks Iran With Cyber Not Missiles—A Game Changer, Not A Backtrack, https://gellerreport.com/2019/06/us-cyber-attack-iran-gamechanger.html/.（上网时间：2019 年 6 月 23 日）

图书在版编目（CIP）数据

美国网络空间安全治理军民协同问题研究/计宏亮著．—北京：时事出版社，2022.1
ISBN 978-7-5195-0465-6

Ⅰ.①美… Ⅱ.①计… Ⅲ.①计算机网络—网络安全—安全管理—研究—美国 Ⅳ.①TP393.08

中国版本图书馆 CIP 数据核字（2021）第 243803 号

出 版 发 行：时事出版社
地　　　址：北京市海淀区彰化路 138 号西荣阁 B 座 G2 层
邮　　　编：100097
发 行 热 线：（010）88869831　88869832
传　　　真：（010）88869875
电 子 邮 箱：shishichubanshe@ sina. com
网　　　址：www. shishishe. com
印　　　刷：北京良义印刷科技有限公司

开本：787×1092　1/16　印张：14.25　字数：205 千字
2022 年 1 月第 1 版　2022 年 1 月第 1 次印刷
定价：85.00 元